职业技能提高实战演练丛书

加工中心操作工（FANUC系统）编程与操作实训

JIAGONG ZHONGXIN CAOZUOGONG(FANUC XITONG)BIANCHENG YU CAOZUO SHIXUN

U0322682

编审委员会

主任　卜学军　李　钰

委员　刘　锐　刘宝丰　周宝冬　刘克城

　　　周　伟　徐洪义　刘桂平　董焕和

编审人员

主编　刘　锐　李春强

编者　刘　锐　李春强　韩　勇　王　茜

　　　韩继东　王　钢　赵春婷　张海玲

　　　唐　铭　贾长河

主审　卜学军

中国劳动社会保障出版社

图书在版编目（CIP）数据

加工中心操作工（FANUC系统）编程与操作实训/人力资源和社会保障部教材办公室组织编写. —北京：中国劳动社会保障出版社，2014

（职业技能提高实战演练丛书）

ISBN 978 - 7 - 5167 - 1405 - 8

Ⅰ.①加… Ⅱ.①人… Ⅲ.①数控机床加工中心-程序设计-技术培训-教材②数控机床加工中心-操作-技术培训-教材 Ⅳ.①TG659

中国版本图书馆 CIP 数据核字（2014）第 277298 号

中国劳动社会保障出版社出版发行

（北京市惠新东街 1 号 邮政编码：100029）

*

三河市华骏印务包装有限公司印刷装订 新华书店经销

787 毫米×1092 毫米 16 开本 11.5 印张 261 千字

2015 年 1 月第 1 版 2023 年 3 月第 4 次印刷

定价：26.00 元

营销中心电话：400－606－6496

出版社网址：http：// www.class.com.cn

前　　言

　　为了切实解决目前中职院校机械设计制造类专业（含数控类专业）教材不能满足院校教学改革和培养技术应用型人才需要的问题，人力资源和社会保障部教材办公室组织一批学术水平高、教学经验丰富、实践能力强的老师与行业、企业一线专家，在充分调研的基础上，共同研究、编写了机械设计制造类专业（含数控类专业）相关课程的教材，共 14 种。

　　在教材的编写过程中，我们贯彻了以下编写原则：

　　一是充分汲取中等职业院校在探索培养技术应用型人才方面取得的成功经验和教学成果，从职业（岗位）分析入手，构建培养计划，确定相关课程的教学目标；

　　二是以国家职业技能标准为依据，使内容分别涵盖数控车工、数控铣工、加工中心操作工、车工、工具钳工、制图员等国家职业技能标准的相关要求；

　　三是贯彻先进的教学理念，以技能训练为主线、相关知识为支撑，较好地处理了理论教学与技能训练的关系，切实落实"管用、够用、适用"的教学指导思想；

　　四是突出教材的先进性，较多地编入新技术、新设备、新材料、新工艺的内容，以期缩短学校教育与企业需要的距离，更好地满足企业用人的需要；

　　五是以实际案例为切入点，并尽量采用以图代文的编写形式，降低学习难度，提高学生的学习兴趣。

　　在上述教材的编写过程中，得到天津市职业技能培训研究室、天津市机电工艺学院的大力支持，教材的主编、参编、主审等做了大量的工作，在此我们表示衷心的感谢！同时，恳切希望广大读者对教材提出宝贵的意见和建议，以便修订时加以完善。

人力资源和社会保障部教材办公室

内 容 简 介

　　本书根据中等职业院校教学计划和教学大纲，由从事多年数控理论及实训教学的资深教师编写，集数控专业（加工中心方向）理论知识和操作技能于一体，针对性、实用性较强，并加入了大量的加工实例，通过加工中心操作基础与编程基础、加工基础、外轮廓加工、企业典型零件加工、技能大赛样件加工、实战等模块的学习，使学生在每一个模块完成过程中学习相关知识与技能，掌握 FANUC 系统加工中心编程方法和加工技术。

　　本书适用于中等职业院校加工中心实训教学。本书围绕加工中心的工艺基础、编程技术和操作技能三大核心环节，采用模块式结构，突破了传统教材在内容上的局限性，突出了系统性、实践性和综合性等特点。

　　本书由刘锐、李春强主编，模块一（项目一、项目二）、模块二（项目三）由王茜编写，模块一（项目三）、模块二（项目一）由韩继东编写，模块二（项目二）、模块五（项目一）由贾长河编写，模块二（项目四、项目五）由王钢编写，模块二（项目六、项目七）、模块三（项目二）由赵春婷编写，模块三（项目一）、模块四（项目一）由张海玲编写，模块四（项目二、项目三）由刘锐编写，模块四（项目四、项目五）由唐铭编写，模块五（项目二、项目三）由韩勇编写，模块五（项目四、项目五）、模块六由李春强编写，全书由李春强统稿，卜学军主审。

　　由于时间仓促，加上编者水平有限，书中可能有不妥之处，望读者批评指正。

目　录

《职业技能提高实战演练丛书》 CONTENTS

模块一

加工中心操作基础与编程基础

项目一　加工中心控制面板

项目目标

熟悉加工中心的控制面板。

项目描述

通过加工中心控制面板的学习，能掌握加工中心机床的操作。

项目分析

通过熟悉加工中心的控制面板，掌握良好的学习方法和一定的技能。

项目知识与技能

一、FANUC 0 标准立式加工中心

1. FANUC 0 MDI 键盘操作（见图 1—1—1）

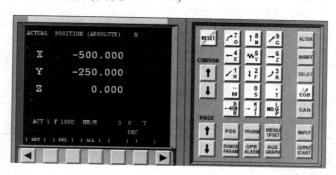

图 1—1—1　FANUC 0 系列 CRT/MDI 键盘

（1）MDI 键盘说明见表 1—1—1。

表 1—1—1　　　　　　　　　　　　　　MDI 键盘说明

按键	功能
RESET	复位
CURSOR ↑ ↓	向上、向下移动光标
 字母/数字输入键区	字母/数字输入，输入时自动识别所输入的是字母还是数字。三个键需要连续点击，实现在相应字母间的切换
PAGE ↑ ↓	向上、向下翻页
ALTER	编辑程序时修改光标块内容
INSRT	编辑程序时在光标处插入内容、插入新程序
DELET	编辑程序时删除光标块的程序内容、删除程序
EOB	编辑程序时输入";"换行
CAN	删除输入区的最后一个字符
POS	切换 CRT 到机床位置界面
PRGRM	切换 CRT 到程序管理界面
MENU OFSET	切换 CRT 到参数设置界面
DGNOS PARAM	
OPR ALARM	
AUX GRAPH	自动方式下显示运行轨迹

（2）机床位置界面（见图 1—1—2、图 1—1—3、图 1—1—4）。点击 POS 进入机床位置界面。点击 [ABS]、[REL]、[ALL] 对应的软键分别显示绝对位置、相对位置和所有位置。坐标下方显示进给速度 F、转速 S、当前刀具 T、机床状态（如"回零"）。

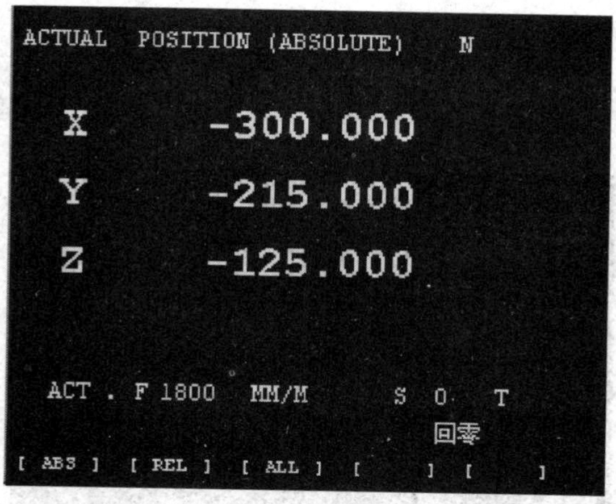

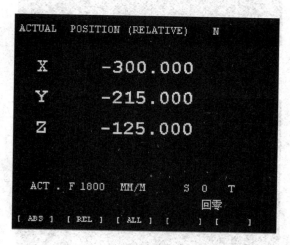

图 1—1—2 显示绝对位置

图 1—1—3 显示相对位置

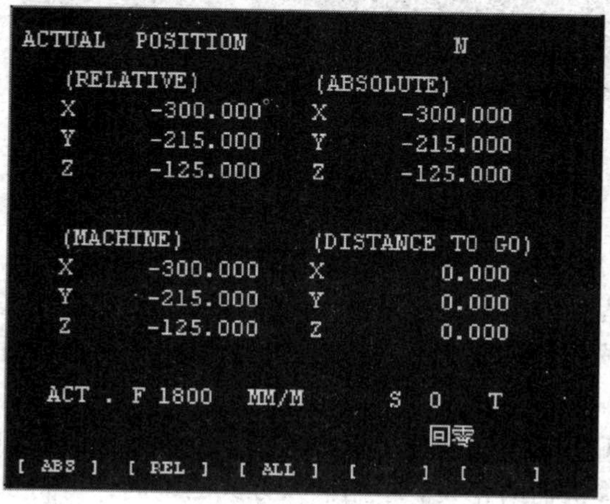

图 1—1—4 显示所有位置

（3）程序管理界面。程序管理界面如图 1—1—5 和图 1—1—6 所示。点击［PRO-GRAM］显示当前程序，点击［LIB］显示程序列表。PROGRAM 一行显示当前程序号 O0001、行号 N0001。

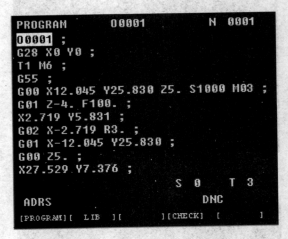

图 1—1—5　显示当前程序

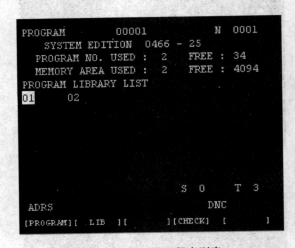

图 1—1—6　显示程序列表

（4）数控程序处理

1）数控程序。程序编制可分为手工编程和自动编程两类。

①手工编程。整个程序的编制过程是由人工完成的。要求编程人员不仅要熟悉数控代码及编程方法，而且还必须具备机械加工工艺知识和数值计算能力。对于点位加工或几何形状不太复杂的零件，数控编程计算较简单，程序段不多，手工编程即可实现。

②自动编程。自动编程是指在编程过程中，除了分析零件图样和制定工艺方案由人工进行外，其余工作均由计算机辅助完成。根据输入方式的不同，可将自动编程分为图形数控自动编程、语言数控自动编程（APT）和语音数控自动编程、视觉系统编程等。

2）图形数控自动编程。目前，图形数控自动编程是使用最为广泛的自动编程方式。

操作流程：将机床置于 DNC 模式，通过计算机输入程序；也可通过 MDI 键盘在程序管理界面手动输入程序名 OXXXX（O 后输入 1～9999 的整数程序号），点击 INPUT 键，手动输入预先编辑好的数控程序。

注意：程序中调用子程序时，主程序和子程序需分开导入。

3）数控程序管理

①选择一个数控程序。将 MODE 旋钮置于 EDIT 挡或 AUTO 挡，在 MDI 键盘上按 PRGRM 键，进入编辑页面，按 键入字母 "O"；按数字键键入搜索的号码：XXXX（搜索号码为数控程序目录中显示的程序号）；按 CURSOR ↓ 开始搜索。搜索完毕后，"OXXXX" 显示在屏幕右上角程序号位置，NC 程序显示在屏幕上。

②删除一个数控程序。将 MODE 旋钮置于 EDIT 挡，在 MDI 键盘上按 PRGRM 键，进入编辑页面，按 键入字母 "O"；按数字键键入要删除的程序的号码：XXXX；按 DELET 键，程序即被删除。

③新建一个 NC 程序。将 MODE 旋钮置于 EDIT 挡，进入编辑页面，按 键入字母 "O"；按数字键键入程序号；按 INSRT 键，若所输入的程序号已存在，将此程序设置为当前程序，否则新建此程序。

注意：MDI 键盘上的数字/字母键，第一次按下时输入的是字母，以后再按下时均为数字。若要再次输入字母，须先将输入域中已有的内容显示在 CRT 界面上（按 INSRT 键，可将输入域中的内容显示在 CRT 界面上）。

④删除全部数控程序。将 MODE 旋钮置于 EDIT 挡，在 MDI 键盘上按 PRGRM 键，进入编辑页面，按 键键入字母 "O"；按 M 键键入 "－"；按 键键入 "9999"；按 DELET 键。

⑤编辑程序。将 MODE 旋钮置于 EDIT 挡，在 MDI 键盘上按 PRGRM 键，进入编辑页面，选定了一个数控程序后，此程序显示在 CRT 界面上，可对数控程序进行编辑操作。

移动光标：按 PAGE ↓ 或 ↑ 翻页，按 CURSOR ↓ 或 ↑ 移动光标。

插入字符：先将光标移到所需位置，点击 MDI 键盘上的数字/字母键，将代码输入到输入域中，按 INSRT 键，把输入域的内容插入到光标所在代码后面。

删除输入域中的数据：按 CAN 键用于删除输入域中的数据。

删除字符：先将光标移到所需删除字符的位置，按 DELET 键，删除光标所在的代码。

查找：输入需要搜索的字母或代码；按 CURSOR ↓ 开始在当前数控程序中光标所在位置后搜索。代码可以是一个字母或一个完整的代码。例如，"N0010" "M" 等。如果此数控程序中有所搜索的代码，则光标停留在找到的代码处；如果此数控程序中光标所在位置后没有所搜索的代码，则光标停留在原处。

替换：先将光标移到所需替换字符的位置，将替换成的字符通过 MDI 键盘输入到输入域中，按 ALTER 键，把输入域的内容替代光标所在的代码。

（5）参数设置界面。连续点击 [MENU/OFSET]，可以在各参数界面中切换。用 PAGE [↓]或[↑]键在同一坐标界面翻页；用 CURSOR [↓]或[↑]选择所需修改的参数；按 MDI 键盘输入新参数值；按 [CAN]依次逐字符删除输入域中的内容；按 [INPUT]键，把输入域中间的内容输入到所指定的位置。

注意：输入数值时需输入小数点，如 X - 100.00，须输入"X - 100.00"；若输入"X - 100"，则系统默认为 X - 0.100。

铣床/加工中心输入刀具补偿的方法：点击 [MENU/OFSET]直到切换进入半径补偿参数设定页面，如图 1—1—7 所示；选择要修改的补偿参数编号，点击 MDI 键盘，将所需的刀具半径输入到输入域内；按 [INPUT]键，把输入域中间的补偿值输入到所指定的位置。同样的方法进入长度补偿参数设定页面（见图 1—1—8）设置长度补偿。

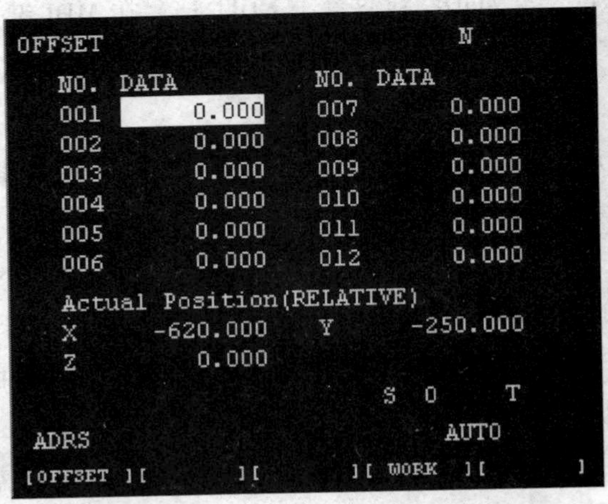

```
OFFSET                          N
    NO.  DATA          NO.  DATA
    001        0.000   007        0.000
    002        0.000   008        0.000
    003        0.000   009        0.000
    004        0.000   010        0.000
    005        0.000   011        0.000
    006        0.000   012        0.000

    Actual Position(RELATIVE)
    X     -620.000    Y      -250.000
    Z        0.000

                              S  O    T

    ADRS                      AUTO
[OFFSET ][       ][       ][ WORK ][       ]
```

图 1—1—7 半径补偿参数设定页面

```
OFFSET                          N
    NO.  HEIGHT        NO.  HEIGHT
    001        0.000   007        0.000
    002        0.000   008        0.000
    003        0.000   009        0.000
    004        0.000   010        0.000
    005        0.000   011        0.000
    006        0.000   012        0.000

    Actual Position(RELATIVE)
    X     -620.000    Y      -250.000
    Z        0.000

                              S  O    T

    ADRS                      AUTO
[OFFSET ][       ][       ][ WORK ][       ]
```

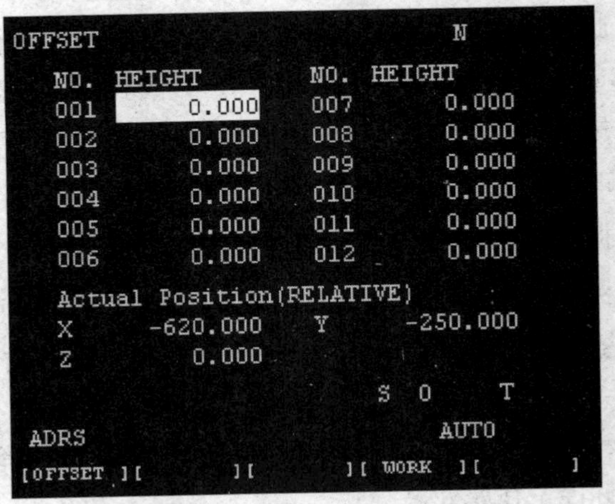

图 1—1—8 长度补偿参数设定页面

（6）MDI 模式

1）将控制面板上 MODE 旋钮 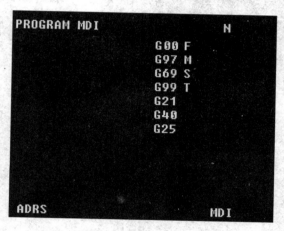 切换到 MDI 模式，进行 MDI 操作。

2）在 MDI 键盘上按 键，进入编辑页面，如图 1—1—9 所示。

图 1—1—9　编辑页面

3）输入程序指令。在 MDI 键盘上点击数字/字母键，第一次点击为字母输出，其后点击均为数字输出。按 键，删除输入域中最后一个字符。若重复输入同一指令字，后输入的数据将覆盖前面输入的数据。

4）按键盘上 键，将输入域中的内容输入到指定位置。CRT 界面如图 1—1—10 所示。

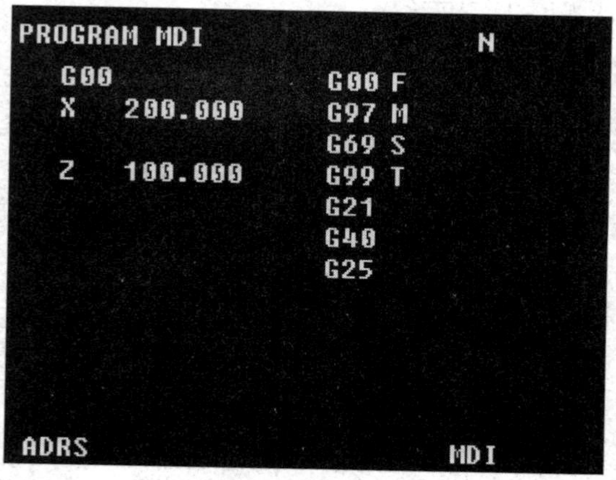

图 1—1—10　CRT 界面

5）按 键，已输入的 MDI 程序被清空。

6）输入完整数据指令后，按循环启动按钮 运行程序。运行结束后，CRT 界面上的数据被清空，如图 1—1—9 所示。

2. FANUC 0 标准立式加工中心面板操作（见图 1—1—11）

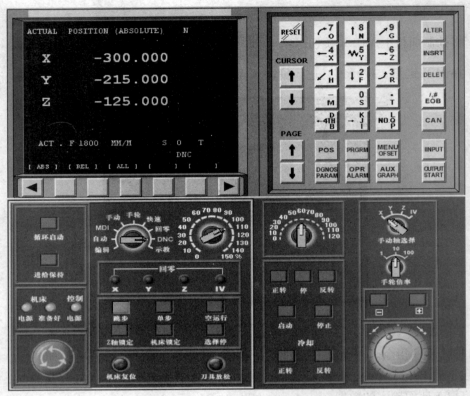

图1—1—11　FANUC 0 标准立式加工中心控制面板

（1）控制面板说明（见表1—1—2）。

表1—1—2　　　　　　　　　　　　　控制面板说明

按键	名称	功能	
循环启动	循环启动	程序运行开始，系统处于自动运行或 MDI 模式时按下有效，其余模式下使用无效	
进给保持	进给保持	程序运行暂停，在程序运行过程中，按下此按钮运行暂停，再按循环启动从暂停的位置开始执行	
紧急停止	紧急停止	紧急停止	
模式选择	模式选择	示教	
		DNC	进入 DNC 模式，输入、输出资料
		回零	进入回零模式，机床必须首先执行回零操作，然后才可以运行
		快速	进入快速模式，快速移动机床
		手轮	进入点动/手轮模式
		手动	进入手动模式，连续移动机床
		MDI	进入 MDI 模式，手动输入并执行指令
		自动	进入自动加工模式
		编辑	进入编辑模式，用于直接通过操作面板输入数控程序和编辑程序

续表

按键	名称	功能
	进给倍率调节	通过旋转调节进给倍率
	跳步	当此按钮按下时，程序中的"/"有效
	单步	当此按钮按下后，运行程序时每次执行一条数控指令
	空运行	进入空运行模式
	Z轴锁定	机床在Z方向不能移动
	机床锁定	锁定机床
	选择停	当此按钮按下时，程序中的"M01"代码有效
	机床复位	机床复位
	快速进给倍率	通过旋转调节快速进给倍率
	主轴控制	手动状态下使主轴正转、停止、反转
	手动轴选择	通过旋转选择进给轴
	手轮倍率	1、10、100分别代表移动量为0.001 mm、0.01 mm、0.1 mm
	机床移动	机床进给轴正向移动、机床进给轴负向移动
	手轮	通过转动控制手轮

（2）机床准备

1）激活机床。检查急停按钮是否松开至 状态，若未松开，点击急停按钮 ，将其松开。

2）机床回参考点。对准 MODE 旋钮调整，将旋钮拨到"回零"挡，如图 1—1—12 所示。

图1—1—12 旋钮回零

先将 X 轴方向回零，在回零模式下，将操作面板上的 AX-IS 旋钮置于 X 挡，如图 1—1—13 所示；点击按钮 ，此时 X 轴将回零，相应操作面板上 X 轴的指示灯亮 ，同时 CRT 上的 X 坐标变为"0.000"；依次调整 AXIS 旋钮，使其分别置于 Y 挡、Z 挡，再点击按钮 ，可以将 Y 轴和 Z 轴回零，此时操作

面板上的指示灯  变亮，同时 CRT 和机床变化如图 1—1—14 和图 1—1—15 所示。

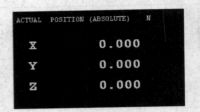

图 1—1—13　旋钮调到 X 挡

图 1—1—14　CRT 变化

3）对刀。数控程序一般按工件坐标系编程，对刀的过程就是建立工件坐标系与机床坐标系之间关系的过程。

一般铣床及加工中心在 X、Y 方向对刀时使用的基准工具包括刚性靠棒和寻边器两种。对 Z 轴对刀时采用的是实际加工时所要使用的刀具。通常有塞尺检查法和试切法。下面具体说明立式加工中心对刀的方法。例中将工件上表面中心点设为工件坐标系原点。将工件上其他点设为工件坐标系原点的对刀方法与此类似。

①刚性靠棒 X、Y 轴对刀。如图 1—1—16 所示，左边模拟的是刚性靠棒基准工具，右边模拟的是寻边器。

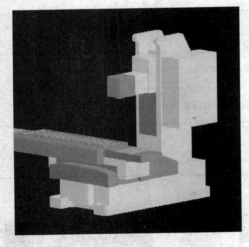

图 1—1—15　机床变化

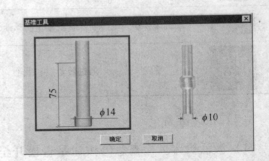

图 1—1—16　刚性靠棒 X、Y 轴对刀

刚性靠棒采用检查塞尺松紧的方式对刀，具体过程如下。首先 X 轴方向对刀。将操作面板中模式旋钮切换到手动，进入"手动"方式；点击 MDI 键盘上的 POS，使 CRT 界面显示坐标值；利用操作面板上的按钮 和手动轴选择旋钮，将机床移动到如图 1—1—17 所示的大致位置。移动到大致位置后，可以采用手轮方式移动机床，将操作面

板的模式旋钮切换到手轮挡，通过调节操作面板上的倍率旋钮，使用手轮移动靠棒，使其与毛坯刚刚接触，如图 1—1—18 所示。

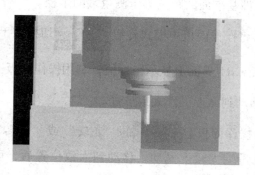

图 1—1—17 移动机床到大致位置

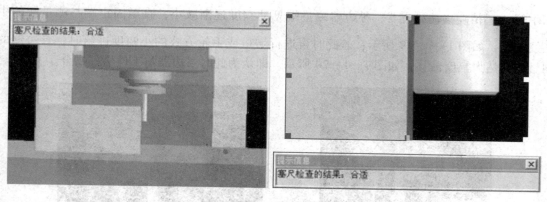

图 1—1—18 精细移动机床

记录下此时 CRT 界面中的 X 坐标值，此为基准工具中心的 X 坐标，记为 X_1；将定义毛坯数据时设定的零件的长度记为 X_2；将塞尺厚度记为 X_3；将基准工件直径记为 X_4（可在选择基准工具时读出），则工件上表面中心的 X 坐标 = 基准工具中心的 X 坐标 – 零件长度的一半 – 塞尺厚度 – 基准工具半径，记为 X。

Y 方向对刀采用同样的方法。得到工件中心的 Y 坐标，记为 Y。完成 X、Y 方向对刀后，拿走量块。将操作面板中模式旋钮 切换到手动，机床转入手动操作状态；将手动轴旋钮 设在 Z 轴，点击按钮 ，将 Z 轴提起；拆除基准工具。

注意： 塞尺有各种不同尺寸，可以根据需要调用。

②寻边器 X、Y 轴对刀。寻边器由固定端和测量端两部分组成。固定端由刀具夹头夹持在机床主轴上，中心线与主轴轴线重合。在测量时，主轴以 400 r/min 的速度旋转。

通过手动方式，使寻边器向工件基准面移动靠近，让测量端接触基准面。在测量端未接触工件时，固定端与测量端的中心线不重合，两者呈偏心状态。当测量端与工件接触后，偏心距减小，这时使用点动方式或手轮方式微调进给，寻边器继续向工件移动，偏心距逐渐减小。当测量端和固定端的中心线重合的瞬间，测量端会明显地偏出，出现明显的偏心状态。这时主轴中心位置距离工件基准面的距离等于测量端的半径。

首先 X 轴方向对刀：将操作面板中模式旋钮 切换到手动，进入"手动"方式；点击 MDI 键盘上的 ^{POS}，使 CRT 界面上显示坐标值；利用操作面板上的按钮 ▣ 和 ⊞ 和手动轴选择旋钮，将机床移动到靠近工件大致位置。

在手动状态下，点击操作面板上的"正转"或"反转"按钮，使主轴转动。未与工件接触时，寻边器测量端大幅度晃动。移动到大致位置后，可以采用手轮方式移动机床，将操作面板的模式旋钮切换到手轮挡，通过调节操作面板上的倍率旋钮，使用手轮精确移动寻边器，寻边器测量端晃动幅度逐渐减小，直至固定端与测量端的中心线重合，如图 1—1—19 所示；若此时再进行增量或手轮方式的小幅度进给时，寻边器的测量端突然大幅度偏移，如图 1—1—20 所示，即认为此时寻边器与工件恰好吻合。

图 1—1—19　固定端与测量端的中心线重合

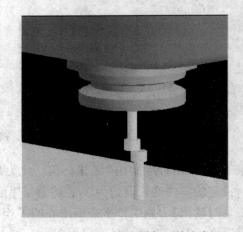

图 1—1—20　寻边器与工件吻合

记下寻边器与工件恰好吻合时 CRT 界面中的 X 坐标，此为基准工具中心的 X 坐标，记为 X_1；将定义毛坯数据时设定的零件的长度记为 X_2；将基准工件直径记为 X_3（可在选择基准工具时读出），则工件上表面中心的 X 坐标＝基准工具中心的 X 坐标 – 零件长度的一半 – 基准工具半径，记为 X。

Y 方向对刀采用同样的方法。得到工件中心的 Y 坐标，记为 Y。

完成 X、Y 方向对刀后，将操作面板中模式旋钮切换到手动，机床转入手动操作状态；将手动轴旋钮 设在 Z 轴，点击按钮 ，将 Z 轴提起；拆除基准工具。

③塞尺检查法 Z 轴对刀。立式加工中心 Z 轴对刀时首先要将选定的刀具放置在主轴上，再逐把对刀。

将操作面板中模式旋钮 切换到手动，进入"手动"方式。点击 MDI 键盘上的 ，使 CRT 界面上显示坐标值；利用操作面板上的按钮 和手动轴选择旋钮 。类似在 X、Y 方向对刀的方法进行塞尺检查，得到检查合适时 Z 的坐标值，记为 Z_1，如图 1—1—21 所示。则坐标值 Z_1 减去塞尺厚度后的数值为 Z 坐标原点，此时工件坐标系在工件上表面。

图 1—1—21　检查合适时 Z 的坐标值 Z_1

④试切法 Z 轴对刀。立式加工中心 Z 轴对刀时首先要将选定的刀具放置在主轴上，再逐把对刀。

将操作面板中模式旋钮 切换到手动，进入"手动"方式。点击 MDI 键盘上的 ，使 CRT 界面上显示坐标值；利用操作面板上的按钮 和手动轴选择旋钮 ，将机床移动到如图 1—1—21 所示的大致位置。

操作面板上 的"正转"或"反转"按钮使主轴转动；将手动轴选择旋钮 设在 Z 轴位置，点击操作面板上的按钮 ，切削零件的声音刚响起时停止，使铣刀切削零件小部分，记下此时 Z 的坐标值，记为 Z，此为工件表面一点处 Z 的坐标值。

通过对刀得到的坐标值（X、Y、Z）即为工件坐标系原点在机床坐标系中的坐标值。

4）手动加工零件

①手动/连续方式。将操作面板中模式旋钮 切换到手动，进入"手动"方式。

利用操作面板上的按钮 和手动轴选择旋钮 移动机床。点击 中的按钮，控制主轴的转动、停止。

注意： 刀具切削零件时，主轴需转动。加工过程中刀具与零件发生非正常碰撞后（非正常碰撞包括车刀的刀柄与零件发生碰撞、铣刀与夹具发生碰撞等），及时按下急停按钮，让主轴停止转动，调整到适当位置，继续加工时需再次点击 ████ 中的按钮，使主轴重新转动。

②手动/手轮方式。在手动/连续加工或在对刀时，需精确调节机床，可用手轮方式移动机床。

将操作面板的模式旋钮 ⊙ 切换到手轮挡；通过调节操作面板上的倍率旋钮 ⊙，及手轮 ◉ 旋转精确控制机床。其中 ×1 为 0.001 mm，×10 为 0.01 mm，×100 为 0.1 mm。

点击 ████ 按钮，控制主轴的转动、停止。

5）自动加工方式

①自动/连续方式

a. 自动加工流程。检查机床是否回零。若未回零，先将机床回零。导入数控程序或自行编写一段程序。将操作面板中 ⊙ 旋钮置于"自动"挡。按循环启动按钮 ██，数控程序开始运行。

b. 中断运行。数控程序在运行过程中可根据需要暂停、停止、急停和重新运行。数控程序在运行时，点击进给保持按钮 ██，程序暂停运行，再次点击循环启动按钮 ██，程序从暂停行开始继续运行。

数控程序在运行时，按下急停按钮 ◎，数控程序中断运行，继续运行时，先将急停按钮松开，再按循环启动按钮 ██，余下的数控程序从中断行开始作为一个独立的程序执行。

②自动/单段方式。检查机床是否回零。若未回零，先将机床回零，再导入数控程序或自行编写一段程序。将操作面板中 ⊙ 旋钮置于"自动"挡。点击单步按钮 █，按钮 █ 将变亮。按循环启动按钮 ██，数控程序开始运行。

注意： 自动/单段方式执行每一行程序均需点击一次循环启动按钮 ██，跳步按钮 █ 亮时，数控程序中的跳过符号"/"有效。选择停按钮 █ 亮时，"M01"代码有效。

根据需要调节进给速度（F）调节旋钮 ⊙，控制数控程序运行的进给速度，调节范围从 0 ~ 150%。

按 ██ 键，可使程序重置。

③检查运行轨迹。NC 程序输入后，可检查运行轨迹。将操作面板中 旋钮置于

"自动"挡，点击控制面板中 ![AUX GRAPH] 命令，转入检查运行轨迹模式；再点击操作面板上的按钮 ![按钮]，即可观察数控程序的运行轨迹，检查运行轨迹时，暂停运行、停止运行、单段执行等同样有效。

二、FANUC 0i（北京第一机床厂 XK714/B 型立式加工中心）

1. FANUC 0i MDI 键盘操作

（1）MDI 键盘说明。如图 1—1—22 所示为 FANUC 0i 系统的 MDI 键盘（右半部分）和 CRT 界面（左半部分）。MDI 键盘用于程序编辑、参数输入等功能。MDI 键盘上各个键的功能见表 1—1—3。

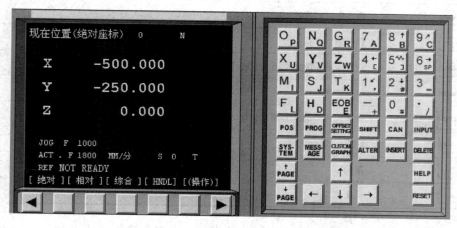

图 1—1—22 FANUC 0i MDI 键盘

表 1—1—3   MDI 键盘

MDI 软键	功能
![PAGE PAGE]	软键 ![PAGE↑] 实现左侧 CRT 中显示内容的向上翻页；软键 ![PAGE↓] 实现左侧 CRT 显示内容的向下翻页
![箭头键]	移动 CRT 中的光标位置。软键 ![↑] 实现光标的向上移动；软键 ![↓] 实现光标的向下移动；软键 ![←] 实现光标的向左移动；软键 ![→] 实现光标的向右移动
![字母键组]	实现字符的输入，点击 ![SHIFT] 键后再点击字符键，将输入右下角的字符。例如，点击 ![O P] 将在 CRT 的光标所处位置输入 "O" 字符，点击软键 ![SHIFT] 后再点击 ![O P] 将在光标所处位置输入 "P" 字符；软键 ![EOB E] 中的 "EOB" 将输入 ";" 号表示换行结束
![数字键组]	实现字符的输入，例如，点击软键 ![5] 将在光标所在位置输入 "5" 字符，点击软键 ![SHIFT] 后再点击 ![5] 将在光标所在位置输入 "]"

MDI 软键	功能
POS	在 CRT 中显示坐标值
PROG	CRT 将进入程序编辑和显示界面
OFFSET SETTING	CRT 将进入参数补偿显示界面
SYS-TEM	
MESS-AGE	
CUSTOM GRAPH	在自动运行状态下将数控显示切换至轨迹模式
SHIFT	输入字符切换键
CAN	删除单个字符
INPUT	将数据域中的数据输入到指定的区域
ALTER	字符替换
INSERT	将输入域中的内容输入到指定区域
DELETE	删除一段字符
HELP	帮助
RESET	机床复位

（2）机床位置界面。点击 POS 进入坐标位置界面。点击菜单软键［绝对］、［相对］、［综合］，对应 CRT 界面将显示绝对坐标（见图 1—1—23）、相对坐标（见图 1—1—24）和综合坐标（见图 1—1—25）。

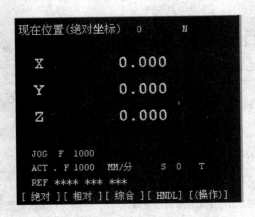

图 1—1—23　绝对坐标界面

图 1—1—24　相对坐标界面

（3）程序管理界面。点击 <kbd>POS</kbd> 进入程序管理界面，点击菜单软键［LIB］，将列出系统中所有的程序（见图1—1—26），在所列出的程序列表中选择某一程序名，点击 <kbd>PROG</kbd> 将显示该程序（见图1—1—27）。

（4）设置参数

1）G54～G59参数设置。在MDI键盘上点击 <kbd>OFFSET SETTING</kbd> 键，按菜单软键［坐标系］，进入坐标系参数设定界面，输入"0X"，（01表示G54，02表示G55，以此类推）按菜单软键［NO检索］，光标停留在选定的坐标系参数设定区域，如图1—1—28所示。

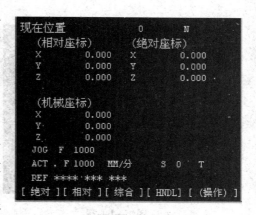

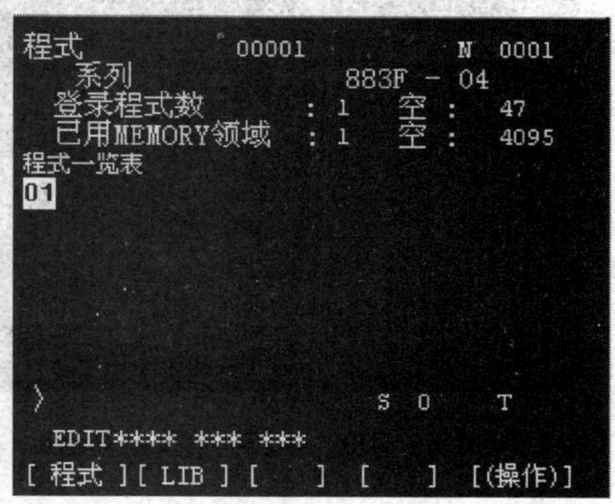

图1—1—25 综合坐标界面

图1—1—26 显示程序列表

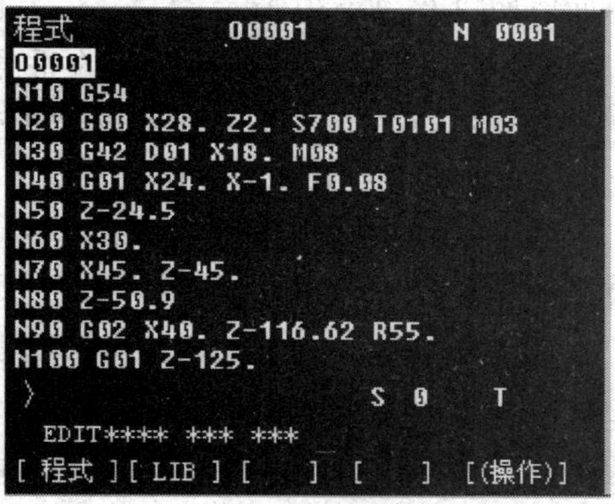

图1—1—27 显示当前程序

也可以用方位键 <kbd>↑</kbd> <kbd>↓</kbd> <kbd>←</kbd> <kbd>→</kbd> 选择所需的坐标系和坐标轴。利用MDI键盘输入通过对刀所得到的工件坐标原点在机床坐标系中的坐标值。设置通过对刀得到的工件坐标原点在机床坐标系中的坐标值为（−500，−415，−404），则首先将光标移到G54坐标系X的位置，在MDI键盘上输入"−500.00"，按菜单软键［输入］或按 <kbd>INPUT</kbd>，参数输入到指定区域。按 <kbd>CAN</kbd> 键可逐个删除输入域中的字符。点击 <kbd>↓</kbd>，将光标移到Y的位置，输入"−415.00"，按菜单软键［输入］或按 <kbd>INPUT</kbd>，参数输入到指定区域。同样可以输入Z坐标值。此时CRT界面如图1—1—29所示。

注意： X坐标值为−100，须输入"X−100.00"；若输入"X−100"，则系统默认为−0.100。如果按软键"＋输入"，键入的数值将和原有的数值相加以后输入。

2）设置铣床及加工中心刀具补偿参数。铣床及加工中心的刀具补偿包括刀具的直径补偿和长度补偿。

①输入直径补偿参数。FANUC 0i的刀具直径补偿包括形状直径补偿和磨耗直径补偿。

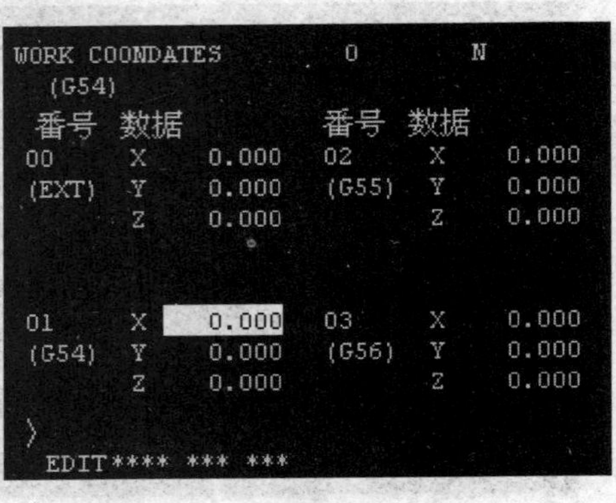

图 1—1—28

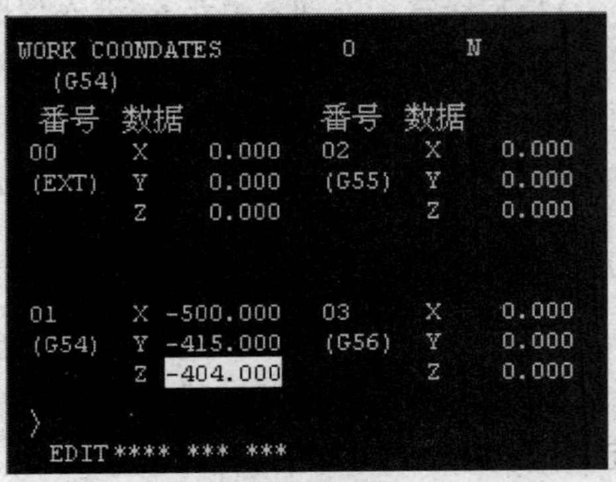

图 1—1—29

a. 在 MDI 键盘上点击 [OFFSET SETTING] 键，进入参数补偿设定界面，如图 1—1—30 所示。

b. 用方位键 [↑][↓] 选择所需的番号，并用 [←][→] 确定需要设定的直径补偿是形状补偿还是磨耗补偿，将光标移到相应的区域。

c. 点击 MDI 键盘上的数字/字母键，输入刀具直径补偿参数。

d. 按菜单软键 [输入] 或按 [INPUT]，参数输入到指定区域。按 [CAN] 键逐个删除输入域中的字符。

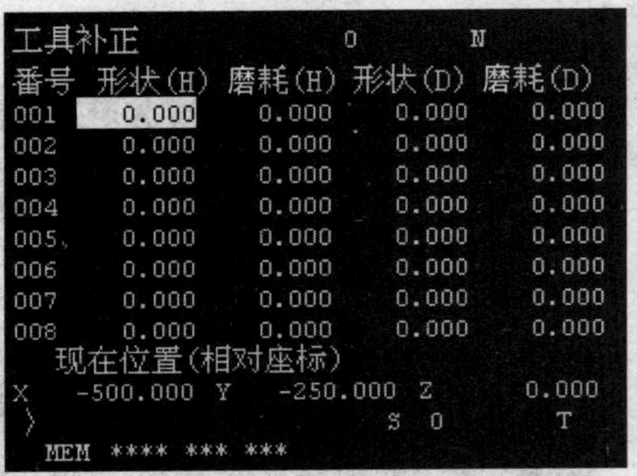

图 1—1—30 参数补偿设定界面

注意：直径补偿参数若为 4 mm，在输入时需输入"4.000"，如果只输入"4"，则系统默认为"0.004"。

②输入长度补偿参数。长度补偿参数在刀具表中按需要输入。FANUC 0i 的刀具长度补偿包括形状长度补偿和磨耗长度补偿。

a. 在 MDI 键盘上点击 [OFFSET SETTING] 键，进入参数补偿设定界面。

b. 用方位键 [↑][↓][←][→] 选择所需的番号，并确定需要设定的长度补偿是形状补偿还是磨耗补偿，将光标移到相应的区域。

c. 点击 MDI 键盘上的数字/字母键，输入刀具长度补偿参数。

d. 按软键 [输入] 或按 [INPUT]，参数输入到指定区域。按 [CAN] 键逐个删除输入域中的字符。

（5）数控程序处理

1）数控程序输入。数控程序可通过自动输入，也可直接用 FANUC 0i 系统的 MDI 键盘手动输入。

点击操作面板上的编辑键 [◇]，编辑状态指示灯变亮 [→]，此时已进入编辑状态。点击 MDI 键盘上的 [PROG]，CRT 界面转入编辑页面。再按菜单软键 [操作]，在出现的下级子菜单中按软键▶，按菜单软键［READ］，转入如图1—1—31所示界面，点击MDI键盘上的数字/字母键，输入"OX"（X为任意不超过四位的数字），按软键［EXEC］，也可通过自动编程导入，选择导入命令，数控程序被导入并显示在CRT界面上。

2）数控程序管理

①显示数控程序目录。经过导入数控程序操作后，点击操作面板上的编辑键，编辑状态指示灯变亮，此时已进入编辑状态。点击MDI键盘上的，CRT界面转入编辑页面。按菜单软键［LIB］，经过DNC传送的数控程序名列表显示在CRT界面上，如图1—1—32所示。

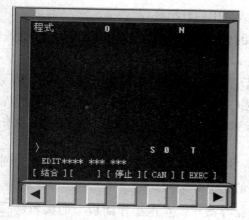

图1—1—31 转入界面

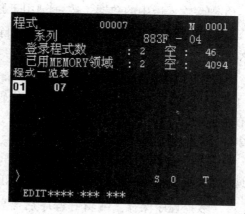

图1—1—32 数控程序名列表显示在 CRT界面上

②选择一个数控程序。经过导入数控程序操作后，点击MDI键盘上的，CRT界面转入编辑页面。利用MDI键盘输入"OX"（X为数控程序目录中显示的程序号），按↓键开始搜索，搜索到后"OX"显示在屏幕首行程序号位置，NC程序将显示在屏幕上。

③删除一个数控程序。点击操作面板上的编辑键，编辑状态指示灯变亮，此时已进入编辑状态。利用MDI键盘输入"OX"（X为要删除的数控程序在目录中显示的程序号），按键，程序即被删除。

④新建一个NC程序。点击操作面板上的编辑键，编辑状态指示灯变亮，此时已进入编辑状态。点击MDI键盘上的，CRT界面转入编辑页面。利用MDI键盘输入"OX"（X为程序号，但不能与已有程序号重复），按键，CRT界面上将显示一个空程序，可以通过MDI键盘开始程序输入。输入一段代码后，按键则数据输入域中的内容将显示在CRT界面上，用回车换行键结束一行的输入后换行。

⑤删除全部数控程序。点击操作面板上的编辑键，编辑状态指示灯变亮，此时已

进入编辑状态。点击 MDI 键盘上的 ![PROG]，CRT 界面转入编辑页面。利用 MDI 键盘输入 "0-9999"，按 ![DELETE] 键，全部数控程序即被删除。

3）数控程序处理。点击操作面板上的编辑键 ![→]，编辑状态指示灯变亮 ![→]，此时已进入编辑状态。点击 MDI 键盘上的 ![PROG]，CRT 界面转入编辑页面。选定了一个数控程序后，此程序显示在 CRT 界面上，可对数控程序进行编辑操作。

①移动光标。按 ![PAGE] 和 ![PAGE] 用于翻页，按方位键 ![↑] ![↓] ![←] ![→] 移动光标。

②插入字符。先将光标移到所需位置，点击 MDI 键盘上的数字/字母键，将字符输入到输入域中，按 ![INSERT] 键，把输入域的内容插入到光标所在字符后面。

③删除输入域中的数据。按 ![CAN] 键用于删除输入域中的数据。

④删除字符。先将光标移到所需删除字符的位置，按 ![DELETE] 键，删除光标所在位置的字符。

⑤查找。输入需要搜索的字母或代码；按 ![↓] 开始在当前数控程序中光标所在位置后搜索（代码可以是一个字母或一个完整的代码。例如，"N0010" "M" 等）。如果此数控程序中有所搜索的字符，则光标停留在找到的字符处；如果此数控程序中光标所在位置后没有所搜索的字符，则光标停留在原处。

⑥替换。先将光标移到所需替换字符的位置，将替换成的字符通过 MDI 键盘输入到输入域中，按 ![ALTER] 键，输入域的内容替代光标所在处的字符。

4）数控程序保存。编辑好程序后需要进行保存操作。点击操作面板上的编辑键 ![→]，编辑状态指示灯变亮 ![→]，此时已进入编辑状态。按照命令提示，选择保存命令。

（6）MDI 模式。点击操作面板上的 MDI 键 ![▶] 按钮，使其指示灯变亮，进入 MDI 模式。在 MDI 键盘上按 ![PROG] 键，进入编辑页面。

输入数据指令：在输入键盘上点击数字/字母键，可以做取消、插入、删除等修改操作。

1）按数字/字母键键入字母 "O"，再键入程序号，但不可以与已有程序号重复。

2）输入程序后，用回车换行键 ![EOB] 结束一行的输入后换行。

3）移动光标按 ![PAGE] ![PAGE] 上下方向键翻页。按方位键 ![↑] ![↓] ![←] ![→] 移动光标。

4）按 ![CAN] 键，删除输入域中的数据；按 ![DELETE] 键，删除光标所在的代码。

5）按键盘上 ![INSERT] 键，输入所编写的数据指令。

6）输入完整数据指令后，按循环启动按钮 ![↓] 运行程序。

7）用 ![RESET] 清除输入的数据。

2. 北京第一机床厂立式加工中心面板操作说明（见图 1—1—33）

图1—1—33 北京第一机床厂立式加工中心面板

（1）面板按钮说明（见表1—1—4）。

表1—1—4 面板按钮说明

按钮	名称	功能说明
	自动运行	此按钮被按下后，进入自动加工模式
	编辑	此按钮被按下后，进入程序编辑状态，用于直接通过操作面板输入数控程序和编辑程序
	MDI	此按钮被按下后，进入 MDI 模式，手动输入并执行指令
	远程执行	此按钮被按下后，系统进入远程执行模式
	单节	此按钮被按下后，运行程序时每次执行一条数控指令
	单节忽略	此按钮被按下后，数控程序中的注释符号"/"有效
	选择性停止	点击该按钮，"M01"代码有效

续表

按钮	名称	功能说明
	机械锁定	锁定机床
	试运行	空运行
	进给保持	程序运行暂停，在程序运行过程中，按下此按钮运行暂停。按"循环启动" 恢复运行
	循环启动	程序运行开始；系统处于"自动运行"或"MDI"位置时按下有效，其余模式下使用无效
	循环停止	程序运行停止，在数控程序运行中，按下此按钮停止程序运行
外部复位	外部复位	复位系统
	回原点	机床进入回原点模式
	手动	机床进入手动模式
	手动脉冲	机床进入手轮控制模式
	手动脉冲	机床进入手轮控制模式
X	X 轴选择按钮	手动状态下，选择 X 轴为进给轴
Y	Y 轴选择按钮	手动状态下，选择 Y 轴为进给轴
Z	Z 轴选择按钮	手动状态下，选择 Z 轴为进给轴
+	正向移动按钮	机床进给轴正向移动
−	负向移动按钮	机床进给轴负向移动
快速	快速按钮	点击该按钮，将进入手动快速状态
	主轴倍率选择旋钮	通过旋转调节主轴旋转倍率
	进给倍率	调节运行时的进给速度倍率
	急停按钮	按下急停按钮，使机床移动立即停止，并且所有的输出如主轴的转动等都会关闭

按钮	名称	功能说明
	超程释放	系统超程释放
	主轴控制按钮	依次为主轴正转、主轴停止、主轴反转
	手轮面板	调节手轮
	手轮轴选择旋钮	手轮状态下，通过旋转选择进给轴
	手轮进给倍率旋钮	手轮状态下，通过旋转调节手轮步长。×1、×10、×100 分别代表移动量为 0.001 mm、0.01 mm、0.1 mm
	手轮	转动手轮，调整坐标
	启动	启动控制系统
	关闭	关闭控制系统

（2）机床准备

1）激活机床。点击"启动"按钮，此时机床电动机和伺服控制的指示灯变亮。

检查"急停"按钮是否松开至状态，若未松开，点击"急停"按钮，将其松开。

2）机床回参考点。检查操作面板上回原点指示灯是否亮，若指示灯亮，则已进入回原点模式；若指示灯不亮，则点击"回原点"按钮，转入回原点模式。

在回原点模式下，先将 X 轴回原点，旋转操作面板上的" X 轴选择"按钮，使 X 轴方向移动指示灯变亮，点击，此时 X 轴将回原点，X 轴回原点灯变亮，CRT 上的 X 坐标变为"0.000"。

同样，再分别点击 Y 轴、Z 轴方向按钮 Y 、 Z ，使指示灯变亮，点击 ＋ ，此时 Y 轴、Z 轴将回原点，Y 轴、Z 轴回原点灯变亮 Y原点灯 Z原点灯 。此时 CRT 界面如图 1—1—34 所示。

（3）对刀。数控程序一般按工件坐标系编程，对刀的过程就是建立工件坐标系与机床坐标系之间关系的过程。

下面将具体说明立式加工中心对刀的方法。例子中将工件上表面中心点设为工件坐标系原点。将工件上其他点设为工件坐标系原点的对刀方法与此类似。

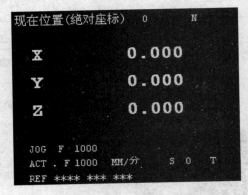

图 1—1—34　CRT 界面

立式加工中心在选择刀具后，刀具被放置在刀架上。对刀时，首先要使用基准工具在 X、Y 轴方向对刀，再拆除基准工具，将所需刀具装载在主轴上，在 Z 轴方向对刀。

1）刚性靠棒 X、Y 轴对刀。刚性靠棒采用检查塞尺松紧的方式对刀，图 1—1—35 左边模拟的是刚性靠棒基准工具，右边模拟的是寻边器。

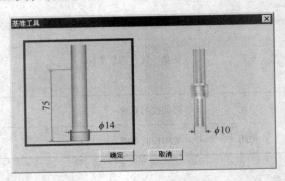

图 1—1—35　刚性靠棒对刀

X 轴方向对刀：点击操作面板中的"手动"按钮 ，手动状态灯亮 ，进入"手动"方式。点击 MDI 键盘上的 POS ，使 CRT 界面显示坐标值；适当点击 X 、 Y 、 Z 按钮和 ＋ 、 － 按钮，将机床移动到如图 1—1—36 所示的大致位置。

移动到大致位置后，可以采用手轮调节方式移动机床，基准工具和零件之间被插入塞尺。点击操作面板上的"手动脉冲"按钮 或 ，使手动脉冲指示灯变亮 ，采用手动脉冲方式精确移动机床，将手轮对应轴旋钮 置于 X 挡，调节手轮进给速度旋钮 ，使用手轮 精确移动靠棒。记下塞尺检查为"合适"时（见图 1—1—37）CRT

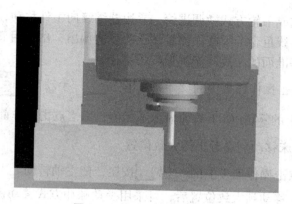

图 1—1—36　机床移动位置

界面中的 X 坐标值，此为基准工具中心的 X 坐标，记为 X_1；将定义毛坯数据时设定的零件的长度记为 X_2；将塞尺厚度记为 X_3；将基准工件直径记为 X_4（可在选择基准工具时读出）。则工件上表面中心的 X 坐标＝基准工具中心的 X 坐标－零件长度的一半－塞尺厚度－基准工具半径，记为 X。

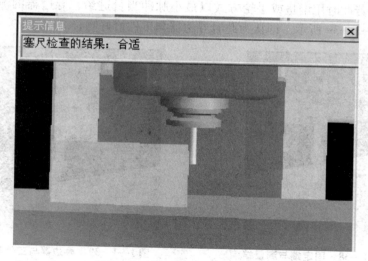

图 1—1—37　塞尺检查为"合适"

Y 方向对刀采用同样的方法。得到工件中心的 Y 坐标，记为 Y。

完成 X、Y 方向对刀后，收回塞尺。点击"手动"按钮，手动灯亮，机床转入手动操作状态，点击 Z 和 + 按钮，将 Z 轴提起，拆除基准工具。

注意： 塞尺有各种不同尺寸，可以根据需要调用。

2）寻边器 X、Y 轴对刀。寻边器由固定端和测量端两部分组成。固定端由刀具夹头夹持在机床主轴上，中心线与主轴轴线重合。在测量时，主轴以 400 r/min 的速度旋转。通过手动方式，使寻边器向工件基准面移动靠近，让测量端接触基准面。在测量端未接触工件时，固定端与测量端的中心线不重合，两者呈偏心状态。当测量端与工件接触后，偏心距减小，这时使用点动方式或手轮方式微调进给，寻边器继续向工件移动，偏心距逐渐减小。当测量端和固定端的中心线重合的瞬间，测量端会明显的偏出，出现明显的偏心状态。这时主轴中心位置距离工件基准面的距离等于测量端的半径。

X 轴方向对刀：点击操作面板中的"手动"按钮 ，手动灯亮 ，系统进入"手动"方式；点击 MDI 键盘上的 pos 使 CRT 界面显示坐标值；适当点击操作面板上的 X 、 Y 、 Z 和 + 、 − 按钮，将机床移动到靠近工件大致位置。

在手动状态下，点击操作面板上的 或 按钮，使主轴转动。未与工件接触时，寻边器测量端大幅度晃动。移动到大致位置后，可采用手动脉冲方式移动机床，点击操作面板上的"手动脉冲"按钮 或 ，使手动脉冲指示灯变亮 ，采用手动脉冲方式精确移动机床，将手轮对应轴旋钮 置于 X 挡，调节手轮进给速度旋钮 ，使用手轮 精确移动寻边器。寻边器测量端晃动幅度逐渐减小，直至固定端与测量端的中心线重合，如图 1—1—38 所示，若此时用增量或手轮方式以最小脉冲当量进给，寻边器的测量端突然大幅度偏移，如图 1—1—39 所示，即认为此时寻边器与工件恰好吻合。

图 1—1—38　固定端与测量端
　　的中心线重合

图 1—1—39　寻边器与工件吻合

记下寻边器与工件恰好吻合时 CRT 界面中的 X 坐标，此为基准工具中心的 X 坐标，记为 X_1；将定义毛坯数据时设定的零件的长度记为 X_2；将基准工件直径记为 X_3（可在选择基准工具时读出），则工件上表面中心的 X 坐标＝基准工具中心的 X 坐标－零件长度的一半－基准工具半径，记为 X。

Y 方向对刀采用同样的方法。得到工件中心的 Y 坐标，记为 Y。

完成 X、Y 方向对刀后，点击 Z 和 + 按钮，将 Z 轴提起，停止主轴转动，再拆除基准工具。

3）塞尺检查法 Z 轴对刀。立式加工中心 Z 轴对刀时采用实际加工时所要使用的刀具。

装好刀具后，点击操作面板中的"手动"按钮，手动状态指示灯亮，系统进入"手动"方式。利用操作面板上的 X、Y、Z 按钮和 +、- 按钮，将机床移到如图1—1—40所示的大致位置。

类似在 X、Y 方向对刀的方法进行塞尺检查，得到塞尺合适时 Z 的坐标值，记为 Z_1，如图1—1—41所示。则坐标值 Z_1 减去塞尺厚度后的数值为 Z 坐标原点，此时工件坐标系在工件上表面。

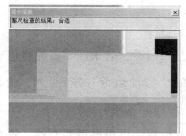

图1—1—40　Z轴对刀
机床位置

图1—1—41　检查合适时 Z 的坐标值 Z_1

4）试切法 Z 轴对刀。选择所需对刀的刀具。装好刀具后，利用操作面板上的 X、Y、Z 按钮和 +、- 按钮，将机床移到如图1—1—40所示的大致位置。点击操作面板上或使主轴转动；点击操作面板上的 Z 和 -，切削零件的声音刚响起时停止，使铣刀切削零件小部分，记下此时 Z 的坐标值，记为 Z，此为工件表面一点处 Z 的坐标值。

通过对刀得到的坐标值（X、Y、Z）即为工件坐标系原点在机床坐标系中的坐标值。

（4）**手动操作**

1）手动/连续方式。点击操作面板上的"手动"按钮，使其指示灯亮，机床进入手动模式。

①分别点击 X、Y、Z 键，选择移动的坐标轴。

②分别点击 +、- 键，控制机床的移动方向。

③点击控制主轴的转动和停止。

注意：刀具切削零件时，主轴需转动。加工过程中刀具与零件发生非正常碰撞后（非正常碰撞包括车刀的刀柄与零件发生碰撞、铣刀与夹具发生碰撞等），按下急停按钮，主轴自动停止转动，当调整到适当位置，继续加工时需再次点击按钮，使主轴重新转动。

2）手动脉冲方式。在手动/连续方式或在对刀时，需精确调节机床，可用手动脉冲方式调节机床。

①点击操作面板上的"手动脉冲"按钮或，使指示灯变亮。

②调节"轴选择"旋钮 ，选择坐标轴。

③调节"手轮进给速度"旋钮 ，选择合适的脉冲当量。

④调节手轮 ，精确控制机床的移动。

⑤点击 ，控制主轴的转动和停止。

（5）自动加工方式

1）自动/连续方式

①自动加工流程。检查机床是否回零，若未回零，先将机床回零。导入数控程序或自行编写一段程序。点击操作面板上的"自动运行"按钮 ，使其指示灯变亮 。点击操作面板上的"循环启动"按钮 ，程序开始执行。

②中断运行。数控程序在运行过程中可根据需要暂停、停止、急停和重新运行。

数控程序在运行时，按"进给保持"按钮 ，程序停止执行；再点击 键，程序从暂停位置开始执行。

数控程序在运行时，按"停止"按钮 ，程序停止执行；再点击 键，程序从开头重新执行。

数控程序在运行时，按下"急停"按钮 ，数控程序中断运行，继续运行时，先将急停按钮松开，再按 按钮，余下的数控程序从中断行开始作为一个独立的程序执行。

2）自动/单段方式。检查机床是否回零。若未回零，先将机床回零。再导入数控程序或自行编写一段程序。

①点击操作面板上的"自动运行"按钮 ，使其指示灯变亮 。

②点击操作面板上的"单节"按钮 。

③点击操作面板上的"循环启动"按钮 ，程序开始执行。

注意： 自动/单段方式执行每一行程序均需点击一次"循环启动"按钮 。点击"单节跳过"按钮 ，则程序运行时跳过符号"/"有效，该行成为注释行，不执行。

④点击"选择性停止"按钮 ，则程序中 M01 有效。

⑤可以通过"主轴倍率"旋钮 和"进给倍率"旋钮 来调节主轴旋转的速度和移动的速度。

⑥按 键可将程序重置。

3）检查运行轨迹。NC程序导入后，可检查运行轨迹。点击操作面板上的"自动运行"

按钮 ，使其指示灯变亮 ，转入自动加工模式，点击 MDI 键盘上的 按钮，点击数字/字母键，输入"OX"（X 为所需要检查运行轨迹的数控程序号），按 开始搜索，找到后，程序显示在 CRT 界面上。点击 按钮，进入检查运行轨迹模式，点击操作面板上的"循环启动"按钮 ，即可观察数控程序的运行轨迹。

①装刀（FANUC 0）。立式加工中心装刀有两种方法：一是手动装刀；二是用 MDI 指令方式将刀架上的刀具放置在主轴上。这里介绍采用 MDI 指令方式装刀的方法。将操作面板上的模式旋钮置于 MDI 挡，进入 MDI 编辑模式。按 键，使 CRT 界面显示 MDI 编辑界面，如图 1—1—42 所示。

点击 MDI 键盘上的数字/字母键，输入"G28"，按 键将输入域中的内容输入到指定位置，此时 CRT 界面上的第一行出现"G28"。

点击 MDI 键盘上的数字/字母键，输入"ZX"（X 表示任意小于等于 0 的数字），按 键将输入域中的内容输入到指定位置，告知机床通过某点回换刀点。此时 CRT 界面如图 1—1—43 所示，点击 按钮，机床运行到换刀点。

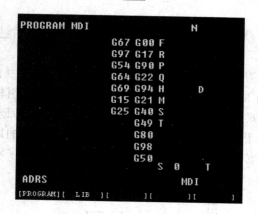

图 1—1—42　MDI 编辑界面

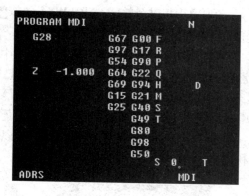

图 1—1—43　CRT 界面

点击 MDI 键盘，输入"TX"，如 1 号刀位，则输入"T01"，按 键将输入域中的内容输入到指定位置。

点击 MDI 键盘，输入"M06"，按 键将输入域中的内容输入到指定位置，此时 CRT 界面如图 1—1—44 所示，按循环启动按钮 ，刀架旋转后将指定刀位的刀具装好。

②装刀（FANUC 0i）。立式加工中心装刀有两种方法，手动装刀和用 MDI 指令方式将刀具放在主轴上。这里介绍使用 MDI 指令方式装刀的方法。

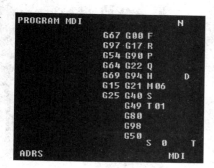

图 1—1—44　CRT 界面

a. 点击操作面板上的 MDI 按钮，使系统进入 MDI 运行模式。

b. 点击 MDI 键盘上的键，CRT 界面如图 1—1—45 所示。

c. 利用 MDI 键盘输入 "G28Z0"，按键，将输入域中的内容输到指定区域。CRT 界面如图 1—1—46 所示。

图 1—1—45 　　　　　　　　　　　　　　　　图 1—1—46

d. 点击 按钮，主轴回到换刀点。

e. 利用 MDI 键盘输入 "T01M06"，按键，将输入域中的内容输到指定区域。点击 按钮，一号刀被装载在主轴上。

③加工中心的刀库及换刀装置。加工中心的刀库形式很多，结构也各不相同。加工中心最常用的刀库有盘式刀库和链式刀库。盘式刀库的结构紧凑、简单，在钻削中心上应用较多，但存放刀具数目较少（见图 1—1—47）。链式刀库是在环形链条上装有许多刀座，刀座孔中装夹各种刀具，由链轮驱动。链式刀库适用于要求刀库容量较大的场合，且多为轴向取刀（见图 1—1—48）。当链条较长时，可以增加支承轮的数目，使链条折叠回绕，提高了空间利用率。

图 1—1—47　盘式刀库

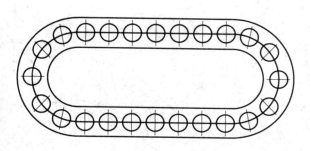

图 1—1—48　链式刀库

项目实施

　　熟悉加工中心操作面板是操作加工中心的第一步，也是操作所必备的技能，但要想熟练掌握加工中心面板上各个按钮的功能，一定要实践，动手学习，积极思考，自己动手去熟练和掌握这些功能，牢记使用方法和注意事项。

项目评价

　　熟悉加工中心操作面板只是加工中心操作的基础，熟练掌握命令要求及使用方法对于初学者来说也是一项很重的任务，因此要多加练习，勤于思考，多动手。

项目二　坐标系的设定及机床运动过程

项目目标

1. 熟悉机床坐标系的判别方法及机床原点、机床坐标系、工件坐标系等的概念。
2. 掌握设定机床坐标系的方法，并能熟练操作、控制机床。

项目描述

通过熟悉机床坐标系、工件坐标系、参考坐标系等概念，熟练掌握坐标系的判断方法，熟练操作，注意安全生产。

项目分析

　　熟悉加工中心坐标系的判断是加工中心操作的一项基本技能，也是加工中心操作的基本内容，为以后的生产加工奠定基础。

项目知识与技能

　　为了简化编程和保证程序的通用性，对数控机床的坐标轴和方向命名制定了统一的标准，规定直线进给坐标轴用 X、Y、Z 表示，常称为基本坐标轴。X、Y、Z 坐标轴的相互关系用右手定则决定，如图 1—2—1 所示，大拇指指向 X 轴的正方向，食指指向 Y 轴的正方向，中指指向为 Z 轴的正方向。

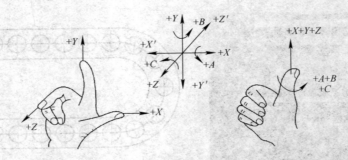

图 1—2—1　右手笛卡尔直角坐标系

围绕 X、Y、Z 轴旋转的圆周进给坐标轴用 A、B、C 表示，根据右手螺旋定则，以大拇指指向 +X、+Y、+Z 方向，则食指、中指等的指向是圆周进给运动 +A、+B、+C 方向。

一、机床原点、机床坐标系

1. 机床原点

机床原点也称为机床零点，它的位置通常由机床制造厂确定。在机床经过设计、制造和调整之后，这个原点便被确定下来，它是固定的点。数控铣床的机床原点的位置大多数规定在各坐标轴的正向最大极限处。如图 1—2—2 所示为机床实物。

2. 机床坐标系

以机床原点作为坐标系原点建立的坐标系就是机床坐标系，它是制造和调整机床的基础，一般不允许随意变动。

注意：机床坐标系是针对刀具而言的，假定工件不动，刀具运动。机床坐标系符合右手定则。按下操作面板上的 x+，则刀具相对于工件向 +X 方向运动。

图 1—2—2　机床实物

3. 机床坐标系方向确定

数控机床的进给运动，有的由主轴带动刀具运动来实现，有的由工作台带着工件运动来实现。但是在确定坐标轴的正方向时，是假定工件不动，刀具相对于工件做进给运动的方向。机床坐标轴的方向取决于机床的类型和各组成部分的布局。

铣床及加工中心采用如下方法确定坐标轴的方向。

（1）Z 轴的确定。平行于机床主轴的刀具运动坐标轴为 Z 轴，取刀具远离工件的方向为正方向（+Z）。当机床有多个主轴时，选一个垂直于工件装夹面的主轴为 Z 轴。

（2）X 轴的确定

1）当 Z 轴为水平方向时，沿刀具主轴后端向工件方向看，向右为 X 轴的正方向。

2）当 Z 轴为垂直方向时，则从主轴向立柱看，对于单立柱机床，X 轴的正方向指向右边；对于双立柱机床，当从主轴向立柱看时，X 轴的正方向指向右边。

（3）Y 轴的确定。Y 轴与 X 轴和 Z 轴一起构成遵循右手定则的坐标系统，如图 1—2—3 所示。

二、参考点、参考坐标系

数控装置上电时并不知道机床原点，为了正确地在机床工作时建立机床坐标系，通常在每个坐标轴的移动范围内设置一个机床参考点（测量起点），机床启动时，通常要进行机动或手动回参考点，以建立机床坐标系。通过参数指定机床参考点到机床原点的距离。

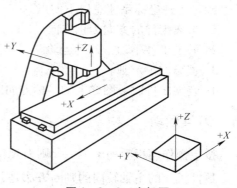

图 1—2—3　坐标图

以参考点为原点，坐标方向与机床坐标方向相同建立的坐标系叫做参考坐标系，在实际使用中通常以参考坐标系计算坐标值。一般，参考坐标系与机床坐标系之间偏移一定距离，或者两者重合。例如，加工中心的机床原点与参考点重合，位于各轴的正向极限位置，所以当用机械坐标表示刀具当前位置时，其值始终是负的。

三、工件坐标系

1. 程序原点

工件坐标系是编程人员在编程时使用的，编程人员选择工件上的某一已知点为原点（也称程序原点），建立一个新的坐标系，称为工件坐标系。工件坐标系一旦建立便一直有效，直到被新的工件坐标系所取代。

工件坐标系的原点选择要尽量满足编程简单、尺寸换算少、引起的加工误差小等条件。一般情况下，程序原点应选在尺寸标注的基准或定位基准上。工件原点的设置一般遵循以下原则。

（1）与设计基准或装备基准重合，以利于编程。

（2）尽量选在尺寸精度高、表面粗糙度值小的工件表面。

（3）最好选在工件的对称中心上。

（4）要便于测量和检测。

2. 编程坐标系

假定工件固定不动，用刀具运动的坐标系来编程。工件坐标系是编程人员在编程和加工时使用的坐标系。在加工时，工件随夹具安装在机床上，这时测量工件原点与参考点间的距离，称作工件原点偏置。该偏置值预存入数控系统中（G92，G54～G59），加工时，工件原点偏置便能自动加到工件坐标系上，使数控系统可按机床坐标系确定加工时的绝对坐标值。因此，编程人员可以不考虑工件在机床上的实际安装位置和安装精度，而利用原点偏置功能（指令），补偿工件在工作台上的位置偏差。

四、附加运动坐标系

一般称 X、Y、Z 为主坐标或第一坐标，如有平行于第一坐标的第二组和第三组坐标，则分别指定为 U、V、W 和 P、Q、R。

确定工件坐标系注意以下四点。

1. 远离工件的方向为正方向。

2. 假定工件不动，刀具运动。

3. 遵循右手定则。

4. 装夹工件时，图样上的坐标方向要与机床坐标方向一致。

五、刀具运动

按下操作面板上的 $\boxed{x+}$ ，则刀具相对于工件向 +X 方向运动。

数控机床的主轴转向的判断方法是，对于铣床而言，沿 –Z 方向看（从主轴头向工作台看），顺时针方向旋转为正转，逆时针方向旋转为反转。

对刀点是零件程序的起始点，对刀的目的是确定程序原点在机床坐标系中的位置，对刀点可与程序原点重合，也可在任何便于对刀之处，但该点与程序原点之间必须有确定的坐标联系。

加工开始时要设置工件坐标系，用 G92 指令可建立工件坐标系；用 G54 ~ G59 及 T 指令（刀具指令）可选择工件坐标系。

六、设置工件坐标

下面介绍的设置工件坐标的方法可用于铣床、加工中心及标准车床。以设置工件坐标 G58 X-100.00 Y-200.00 Z-300.00 为例。

用 PAGE $\boxed{\downarrow}$ 或 $\boxed{\uparrow}$ 键在 No1 ~ No3 坐标系页面和 No4 ~ No6 坐标系页面之间切换（见图 1—2—4）。

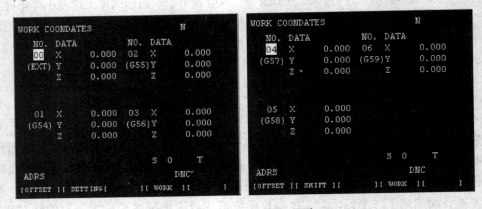

图 1—2—4 用 PAGE $\boxed{\downarrow}$ 或 $\boxed{\uparrow}$ 键切换

No1 ~ No6 分别对应 G54 ~ G59；用 CURSOR $\boxed{\downarrow}$ 或 $\boxed{\uparrow}$ 选择所需的坐标系 G58；输入地址字（X/Y/Z）和数值到输入域，即 "X-100.00"，按 $\boxed{\text{INPUT}}$ 键，把输入域中的内容输入到所指定的位置；再分别输入 "Y-200.00" 按 $\boxed{\text{INPUT}}$ 键、"Z-300.00" 按 $\boxed{\text{INPUT}}$ 键，即完成了工件坐标原点的设定。

项目实施

熟悉加工中心操作的首要任务是熟悉操作面板和机床坐标系，而判别机床和工件坐标系是数控加工的重中之重，因此，应熟练掌握坐标系的判别方法。

项目评价

坐标系判别是加工中心学习的基础内容，更是今后数控加工的必备技能，因此应多加练习，熟能生巧，保证准确迅速地做出判断，安全加工。

项目三 手工编程基础知识

项目目标

1. 了解加工中心编程的特点和学习加工中心常用的指令代码。

2. 掌握加工中心常用的指令编程规则及编程方法。

项目描述

FANUC 0i 系统是目前我国数控机床上采用较多的数控系统，其功能指令分为准备功能G 指令、辅助功能 M 指令、进给功能 F 指令、主轴转速 S 指令及刀具功能 T 指令，这些功能指令是编制数控程序的基础，一般由功能地址码和数字组成。

项目分析

了解 FANUC 0i 数控系统的编程种类、程序格式以及常用指令各个代码的含义，掌握程序的编写输入。

项目知识与技能

数控机床与普通机床控制方式不一样。它是按照事先编制好的加工程序，自动地对被加工零件进行加工。编程人员首先应了解所用数控机床的规格、性能与数控系统所具有的功能及编程指令格式等。编程时应综合考虑图样的技术要求、零件的几何形状、尺寸及工艺要求，确定加工方法和路线，再进行数学计算，然后按数控机床规定的代码和程序格式，将工件的各种工艺参数编写成加工程序单，并将其内容记录在控制介质上，输入到数控机床的数控装置中，从而指挥机床加工零件。这种从零件图的分析到制成控制介质的全部过程叫作数控程序的编制。

一、数控编程的步骤

1. 分析图样、确定加工工艺过程

在确定加工工艺过程时，编程人员要根据图样对工件的形状、尺寸、技术要求进行分析，然后选择加工方案，确定加工顺序、加工路线、装夹方式、刀具及切削参数，同时还要考虑所用数控机床的指令功能，充分发挥机床的效能，尽量缩短加工路线，正确选择对刀点、换刀点，减少换刀次数。

2. 数值计算

根据零件的几何尺寸，确定的工艺路线及设定的坐标系，计算零件粗、精加工的运动轨迹，得到刀位数据。对形状比较复杂的零件（如由非圆曲线、曲面组成的零件），需要用直线段或圆弧逼近法，根据要求的精度计算出其节点的坐标值，这种情况一般要用计算机来完成数值的计算工作。

3. 编写零件加工程序单

加工路线、工艺参数及刀位数据确定以后，编程人员可以根据数控系统规定的功能指令代码及程序段格式，逐段编写加工程序单。此外，还应填写有关的工艺文件，如数控加工工序卡、刀具调整单、刀具卡、工件安装和零点设定卡、数控加工程序单等。

4. 制备控制介质

制备控制介质，即把编制好的程序单上的内容记录在控制介质上作为数控装置的输入信息。

5. 程序校验与首件试切

程序单和制备好的控制介质必须经过校验和试切才能正式使用。校验的方法是直接将控制介质上的程序内容输入到数控装置中，让机床空运转。在数控机床的 CRT 图形显示屏上，呈现模拟刀具切削工件的过程。但是这种方法只能检查出运动是否正确，不能查出被加工零件的加工精度。因此，必须对零件进行首件试切。当发现有加工误差时，应分析误差产生的原因，找出问题所在，并加以修正。

二、数控编程的种类

数控编程一般分为手工编程和自动编程两种，如图 1—3—1 所示。

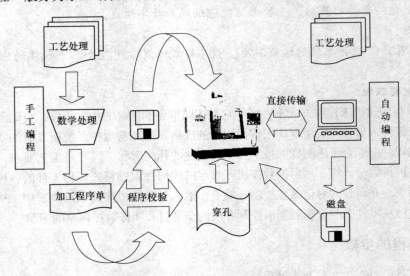

图 1—3—1　手工编程与自动编程

1. 手工编程

手工编程就是上面讲到的编程步骤，即从分析图样、确定加工工艺过程、数值计算、编写零件加工程序单、制备控制介质到程序校验都是由手工完成的。

对于加工形状简单的零件，计算比较简单，程序较短，采用手工编程较容易完成，而且经济、及时，因此在点定位加工及由直线与圆弧组成的轮廓加工中，手工编程广泛应用。但对于形状复杂的零件，特别是具有非圆曲线、曲面的零件，用手工编程就有一定的困难，出错的可能性增大，有时甚至无法编制出程序，因此必须采用自动编程的方法。

2. 自动编程

自动编程是利用 CAD/CAM 技术进行零件设计、分析和造型，并通过后置处理，自动生成加工程序。目前常用的 CAD/CAM 软件有 MasterCAM、UGS、Cimatron、CAXA 制造工程师等。

三、程序的结构、格式与功能字

一个零件的程序是一组被传送到数控装置中去的指令和数据。华中数控编程系统中对数控程序格式有一定要求，下面简单加以介绍。

一个零件程序是由一定的结构、句法和格式规则的若干程序段组成的，而每个程序段是由若干个指令字组成的，如图 1—3—2 所示。

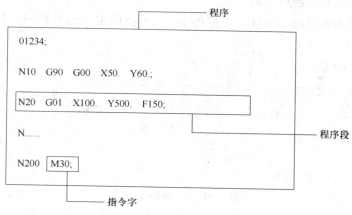

图 1—3—2 零件程序的结构

1. 指令字的格式

一个指令字是由地址符（指令字符）和带符号（如定义尺寸的字）或不带符号（如准备功能字 G 代码）的数字组成的。程序段中不同的指令字符及其后续数值确定了每个指令字的含义。在数控程序段中包含的主要指令字符见表 1—3—1。

表 1—3—1　　　　　　　　　　　　地址符一览表

功能	地址	含义
零件程序号	O	程序编号：O1 ~ O9999
程序段号	N	程序段编号：N0 ~ N9999
准备功能	G	指令动作方式（直线、圆弧）G00 ~ N99
尺寸字	X、Y、Z	坐标轴的移动命令 ±99999.999
	R	圆弧的半径，固定循环的参数
	I、J、K	圆心相对于起点的坐标，固定循环的参数
进给速度	F	进给速度的指定，F0 ~ F24000
主轴功能	S	主轴旋转速度的指定，S0 ~ S9999
刀具功能	T	刀具号、刀具补偿号的指定 T0000 ~ T9999
辅助功能	M	机床开/关控制的指定 M0 ~ M99
补偿号	H、D	刀具半径补偿号 00 ~ 99
暂停	P、X	暂停时间的指定 s

续表

功能	地址	含义
程序号的指定	P	子程序号的指定 P0001 ~ P9999
重复次数	L	子程序的重复次数，固定循环的重复次数
参数	P、Q、R	固定循环的参数

2. 程序段的格式

一个程序段定义一个将由数控装置执行的指令行，是数控加工程序中的一条语句，一个数控程序是由若干个程序段组成的。

程序段格式是指程序段中的字、字符和数据的安排形式，如图 1—3—3 所示。

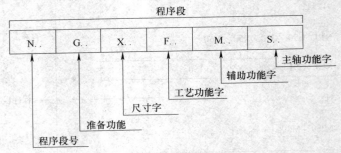

图 1—3—3　程序段格式

例如，N50　G01　X10　Y100　Z10　F100；

3. 程序的格式

一个零件的程序必须包括起始符和结束符。一个零件程序是按程序段的输入顺序执行的，而不是按程序段号的顺序执行，但书写程序时，建议按升序书写程序段号。

（1）程序名。程序名由英文字母 O 和 1 ~ 4 位正整数组成，一般要求单列一段。

（2）程序主体。程序主体是由若干程序段组成的，每个程序段一般占一行。

（3）程序的结束指令。程序结束指令可用 M02 或 M30，一般要求单列一段。

（4）注释符。除上述零件程序的正文部分以外，有些数控系统可在每一个程序段后用程序注释符加入注释文字。括号（　）内或分号；后的内容为注释文字。

【示例】加工程序示例

O1234　　　　　　　　　　　；	程序名
G54　M03　S400　　　　　；	设置工件坐标系，主轴正转，转速为 400 r/min
N20　G00　X0　Z0　　　；	刀具移动至起点
N30　M03　S2000　　　　；	主轴正转，转速为 2 000 r/min
....	
N190　M05　　　　　　　　；	主轴停止
N200　M30　　　　　　　　；	主程序结束，返回程序起点

四、准备功能 G 指令

1. 准备功能 G 指令的组成及分组

准备功能也称为 G 功能或 G 代码，用于指定机床的运动方式，为数控系统的插补运算做准备，它由准备功能地址符 "G" 和两位数字组成，包括 G00 ～ G99 共 100 种，如 G01、G02、G40 等。

虽然从 G00 ～ G99 共有 100 种 G 代码，但并不是每种代码都有实际意义，有些代码在国际标准（ISO）或我国原机械工业部制定的标准中并没有指定其功能，这些代码主要用于在将来修改标准时指定新功能。还有一些代码，即使在修改标准时也永不指定其功能，这些代码可由机床设计者根据需要定义其功能，但必须在机床的出厂说明书中予以说明。

2. 常用 G 代码及功能（见表 1—3—2）

表 1—3—2　　　　　　　　　　常用 G 代码及功能

G 代码	组别	功能	G 代码	组别	功能
※G00	01	快速点定位	G59	14	选用 6 号工件坐标系
※G01	01	直线插补	G60	00	单一方向定位
G02	01	顺时针圆弧插补	G61	15	精确停止方式
G03	01	逆时针圆弧插补	※G64	15	切削方式
G04	00	暂停，精确停止	G65	00	宏程序调用
G09	00	精确停止	G66	12	模态宏程序调用
※G17	02	选择 XY 平面	※G67	12	模态宏程序调用取消
G18	02	选择 ZX 平面	G73	09	深孔钻削固定循环
G19	02	选择 YZ 平面	G74	09	反攻螺纹固定循环
G27	00	返回并检查参考点	G76	09	精镗固定循环
G28	00	返回参考点	※G80	09	取消固定循环
G29	00	从参考点返回	G81	09	钻削固定循环
G30	00	返回第二参考点	G82	09	钻削固定循环
G40	07	取消刀具半径补偿	G83	09	深孔钻削固定循环
G41	07	左侧刀具半径补偿	G84	09	攻螺纹固定循环
G42	07	右侧刀具半径补偿	G85	09	镗削固定循环
G43	08	刀具长度补偿 +	G86	09	镗削固定循环
G44	08	刀具长度补偿 −	G87	09	反镗固定循环
※G49	08	取消刀具长度补偿	G88	09	镗削固定循环
G52	00	设置局部坐标系	G89	09	镗削固定循环
G53	00	选择机床坐标系	※G90	03	绝对值指令方式
※G54	14	选用 1 号工件坐标系	G91	03	增量值指令方式
G55	14	选用 2 号工件坐标系	G92	00	共建零点设定
G56	14	选用 3 号工件坐标系	※G98	10	固定循环返回初始平面
G57	14	选用 4 号工件坐标系	G99	10	固定循环返回到 R 平面
G58	14	选用 5 号工件坐标系			

注：※为开机默认代码。

五、辅助功能 M 代码

辅助功能由地址字 M 和其后的一或两位数字组成，主要用于控制零件程序的走向以及机床各种辅助功能的开关动作。

注意： M 指令有非模态和模态两种。非模态 M 功能：只在书写了该代码的程序段中有效。模态 M 功能：一组可相互注销的 M 功能，这些功能在被同一组的另一个功能注销前一直有效。

FANUC 0i 系统的 M 指令及其含义见表 1—3—3（▲为缺省值）。

表 1—3—3　　　　　　　　　　　M 代码及其含义

指令	模态	功能说明
M00	非模态	程序停止
M02	非模态	程序结束
M03	模态	主轴正转启动
M04	模态	主轴反转启动
M05 ▲	模态	主轴停止转动
M06	非模态	换刀
M07	模态	切削液打开
M09 ▲	模态	切削液停止
M30	非模态	程序结束并返回程序起点
M98	非模态	调用子程序
M99	非模态	子程序结束

M00、M02、M30、M98、M99 用于控制程序的走向，是 CNC 内定的辅助功能，不由机床制造商设计决定，也就是说，与 PLC 程序无关。

其余 M 代码用于机床各种辅助功能开关动作，其功能不由 CNC 内定，而是由 PLC 程序制定，所以有可能因机床制造厂不同而有差异（表 1—3—3 内为标准 PLC 指定的功能），使用者可参考机床说明书。

六、主轴功能 S、进给功能 F 和刀具功能 T

1. 主轴功能 S

主轴功能 S 指令用于控制主轴转速，其后的数值表示主轴的速度，单位为"转/每分钟（r/min）"。

S 是模态指令，S 功能只有在主轴速度可调节时有效。

2. 进给功能 F

F 指令表示工件被加工时刀具相对于工件的合成进给速度。该指令由地址 F 和后缀的数字组成，按其加工时的需要，可分为每转进给和每分钟进给两种，分别由准备功能指令 G95 和 G94 来制定。

程序段如下所示：

G94 G01 X50.0 Y50.0 F200.0；　　（进给速度为 200 mm/min）

G95 G01 X50.0 Y50.0 F0.2；　　（进给速度为 0.2 mm/r，加工螺纹、镗孔时使用）

3. 刀具功能 T

刀具功能是指系统进行选刀或换刀的功能指令。刀具功能用地址 T 及后缀的数字来表示，常用刀具功能指定方法有 T2 位数法和 T4 位数法。

T2 位数法仅能指定刀具号，刀具存储器号则由其他代码（如 D 或 H 代码）进行选择，同样地，刀具号与刀具补偿存储器号不一定相同。如 T3 表示选用 3 号刀具。目前，绝大多数加工中心采用 T2 位数法。T4 位数法可以同时指定刀具和选择刀补，其 4 位数的前两位数用于指定刀具号，后两位数用于指定刀具补偿存储器号，刀具号与刀具补偿存储器号不一定相同。如 T0202 表示选用 2 号刀具及选用 2 号刀具补偿存储器中的补偿值；而 T0204 则表示选用 2 号刀具及选用 4 号刀具补偿存储器号中的补偿值。数控车床采用 T4 位数法较多。

项目实施

一、实操中输入、修改等编程方法

1. 加工程序的输入方法

（1）手动输入。

（2）使用 CAD/CAM 软件自带传输工具传送至机床。

（3）使用机床专用磁盘输入。

2. 手动输入程序的步骤

（1）在操作面板中按下编辑（EDIT）方式开关 ▨，程序保护钥匙开关置于"解除"位置。

（2）在 MDI 键盘上按程序键 ▨，在 MDI 键盘上输入地址"O"（字母），输入程序号（数字），然后按插入键 ▨，程序名建立完成。

（3）按照编写的程序段依次将程序输入至机床。例如，输入 G17 G80 G40 G49 G15 时，在 MDI 键盘上输入 G17 G80 G40 G49 G15，然后按段结束符键 ▨，最后按插入键 ▨，结束此段程序的输入。后面操作步骤一样。

（4）在 PC 机中，用通信软件设置好传送端口及波特速率等参数，连接好通信电缆，将欲输入的程序文件调入并做好输出准备，置机床端为"编辑"方式，按程序键 ▨，再按下"操作"软键，按" ▶ "软键，输入欲存入的程序号，如"O1234"；然后按 READ 和 EXEC 软键，程序即被读入存储器内，同时在 CRT 上显示出来。如果不指定程序号，就会使用 PC 机、软盘原有的程序号；如果机器存储器已有对应号码的程序，将出现报警。

二、加工程序的编辑

1. 搜索并调出内存中程序的步骤

（1）按下编辑（EDIT）方式开关 ▨。

（2）按 MDI 键盘上的程序键 PROG ，输入地址"O"（字母），输入程序号，如 0001，按向下键 ↓ 即可完成程序"0001"的调用。

2. 删除程序的步骤

（1）在操作面板中按编辑（EDIT）方式开关 ⟩⟩ 。

（2）按 MDI 键盘上的程序键 PROG ，输入地址"O"（字母），输入程序号，如 0002，按删除键 DELETE ，即可完成程序"0002"的删除。

（3）如果要删除存储器中的所有程序，只需输入"0，9999"后按下 DELETE 键即可。

（4）在输入"OXXXX，OYYYY"后按下 DELETE 键即可将存储器中"OXXXX ~ OYYYY"范围内的所有程序删除。

3. 程序的修改

采用手工输入和修改程序时，所输入的地址、数字等字符都是首先存放在键盘缓冲区内。此时，若要修改可用取消键 CAN 擦除后重输。当一行程序数据输入无误后，可按插入键 INSRT 或替换键 ALTER 以插入或改写的方式从缓冲区送到程序显示区（同时自动存储），这时就不能再用取消键 CAN 来改动了。

三、程序输入时的注意事项

1. 建立新程序时，要注意建立的程序号应为存储器中没有的新程序号。

2. 建立、输入程序名时后面不加段结束符。

3. 当输入内容在输入缓存区时，使用取消键 CAN 可以从光标所在位置一个一个地向前删除字符。

4. 不输入任何内容直接按 DELETE 键将删除光标所在位置的内容。

项目评价

手工编程基础知识及程序输入编辑的测定评分见表 1—3—4。

表 1—3—4　　　　　　手工编程基础知识及程序输入编辑的测定评分表

班级：	姓名：	学号：		成绩：			
序号	项目与技术要求	配分	评分标准	自检记录	交检记录	得分
1	数控编程基础	15	酌情扣分			
2	准备功能指令熟记	15	酌情扣分			
3	辅助功能指令熟记	15	酌情扣分			
4	主轴功能、进给功能和刀具功能	15	酌情扣分			
5	程序的输入、删除和编辑	15	酌情扣分			
6	机床的操作熟练度	25	酌情扣分			
7	安全文明操作	倒扣	每次扣2分			

学生任务实施过程的小结及反馈：

教师点评：

模块二

加工基础

项目一　平面加工

项目目标

1. 掌握绝对值编程、增量值编程的方法。
2. 合理安排平面铣削时刀具的运动路线。

项目描述

加工如图 2—1—1 所示模板，其材料为 45 钢，表面基本平整，需要做上表面的平面加工。零件尺寸为 200 mm × 100 mm × 40 mm。

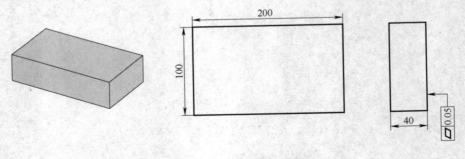

图 2—1—1　数控加工平面

项目分析

1. 其中有平面度要求，可以采用行切法加工。加工程序的编制比较简单。
2. 熟悉平面铣削的工艺特点。
3. 学会一般平面铣削的工艺设计和编程。

4. 具有用数控铣床/加工中心加工平面的实践能力。

5. 学会平面度的测量方法。

项目知识与技能

一、程序编制

1. 绝对值编程 G90

格式：G90 X ＿ Y ＿ Z ＿ F ＿；

说明：程序中绝对坐标功能字后面的坐标是以工件坐标原点作为基准的，表示刀具终点的绝对坐标。

如图 2—1—2 所示的刀具轨迹为 $O→A→B$，用 G90 编程为：

G90 G01 X40. Y30. F80；

X20. Y50. ；

2. 增量值编程 G91

格式：G91 X ＿ Y ＿ Z ＿ F ＿；

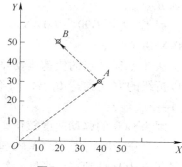

图 2—1—2 图形轨迹

说明：程序中增量坐标功能字后面的坐标是以刀具起点坐标作为基准的，表示刀具终点坐标相对刀具起点坐标的增量。

如图 2—1—2 所示的刀具轨迹为 $O→A→B$，用 G91 编程为：

G91 G01 X40. Y30. F80；

X－20. Y20. ；

二、准备功能

准备功能字的地址符是 G，所以又称为 G 功能、G 指令或 G 代码。它的作用是建立数控机床的工作方式，为数控系统插补运算、刀补运算、固定循环等做好准备。

G 指令中的数字一般是两位正整数（包括 00）。随着数控系统功能的增加，G00 ~ G99 已不够使用，所以有些数控系统的 G 功能字中的后续数字已采用三位数。G 功能有模态 G 功能和非模态 G 功能之分。非模态 G 功能是只在所规定的程序段中有效，程序段结束时被注销；模态 G 功能是指一组可相互注销的 G 功能，其中某一 G 功能一旦被执行，则一直有效，直到被同一组的另一 G 功能注销为止。

1. 快速点定位 G00

格式：G00 X ＿ Y ＿ Z ＿；

说明：

X、Y、Z 用来定位终点坐标。在 G90 时为终点在工件坐标系中的坐标；在 G91 时为终点相对于起点的位移量。不运动的轴可以不写。

G00 用来指定刀具相对于工件以各轴预先设定的速度，从当前位置快速移动到程序段指令的定位目标点。G00 指令中的快移速度由机床参数"快移进给速度"对各轴分别设定，不能用地址 F 指定。

G00 一般用于加工前快速定位或加工后快速退刀。移动速度可由面板上的修调旋钮来调整。

在执行 G00 指令时，由于各轴以各自速度移动，不能保证各轴同时到达终点，因而联动直线轴的合成轨迹不一定是直线。如图 2—1—3 所示，使用 G00 编程，要求刀具从 A 点快速定位到 B 点。

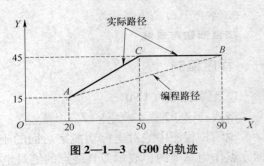

图 2—1—3　G00 的轨迹

程序为：G90　G00　X90.Y45.；或 G91 G00 X70.Y30.；

从 A 点到 B 点的快速运动路线为 A→C→B，即以折线的方式到达 B 点，而不是以直线方式从 A→B。

因为 G00 的移动速度较快，操作者需格外小心，以免刀具与工件发生碰撞。常见的做法是：当进刀时，先移动 X 轴和 Y 轴进行定位，然后 Z 轴下降到加工深度；当退刀时，先将 Z 轴向上移动到安全高度，然后再移动 X 轴和 Y 轴。

2. 直线插补 G01

格式：G01 X ＿＿　Y ＿＿　Z ＿＿　F ＿＿；

说明：

X、Y、Z 是指直线插补的终点；在 G90 时为终点在工件坐标系中的坐标；在 G91 时为终点相对于起点的位移量。

F 是指进给速度，可以是每分进给量（G94），也可以是每转进给量（G95）。

G01 用来指定刀具以联动的方式，按 F 规定的合成进给速度，从当前位置按线性路线移动到程序段指定的终点。如图 2—1—3 所示，使用 G01 编程，要求从 A 点直线插补到 B 点，其编程路径就是刀具实际进给路径。

三、辅助功能

辅助功能字也称为 M 功能、M 指令或 M 代码。M 指令是控制机床在加工时做一些辅助动作的指令，如主轴的正反转、切削液的开关等。

1. M00 程序暂停

执行 M00 功能后，机床的所有运动均被切断，机床处于暂停状态。重新启动程序启动按钮后，系统将继续执行后面的程序段。

例如，N10 G00 X100.Z100.；

　　　　N20 M00；

　　　　N30 G00 X50.Z50.；

执行到 N20 程序段时，进入暂停状态，重新启动后将从 N30 程序段开始继续进行。如进行尺寸检验、排屑或插入必要的手工动作时，用此功能很方便。

说明：M00 须单独设一程序段；如在 M00 状态下，按复位键，则程序将回到开始位置。

2. M01 选择停止

在机床的操作面板上有一"任选停止"开关，当开关打开到"ON"位置时，程序中如遇到 M01 代码时，其执行过程同 M00 相同；当上述开关打到"OFF"位置时，数控系统对 M01 不予理睬。

例如，N10 G00 X100. Z100. ；

N20 M01 ；

N30 G00 X50. Z50. ；

如"任选停止"开关打到"OFF"位置，则当系统执行到 N20 程序段时，不影响原有的任何动作，而是接着往下执行 N30 程序段。

此功能通常用来进行尺寸检验，而且 M01 应作为一个程序段单独设定。

3. M02 程序结束

主程序结束，切断机床所有动作，并使程序复位。

说明：必须单独作为一个程序段设定。

4. M03 主轴正转

此代码启动主轴正转（逆时针）。

5. M04 主轴反转

此代码启动主轴反转（顺时针）。

6. M05 主轴停止

此代码使主轴停止转动。

7. M06 换刀

8. M07 1#切削液开

9. M08 2#切削液开

10. M09 切削液关

四、数控铣床/加工中心常用刀具

数控铣床/加工中心常用刀具如图 2—1—4 所示。

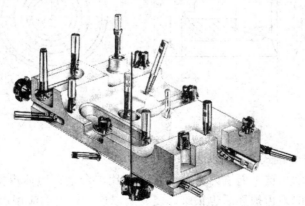

图 2—1—4 数控铣床/加工中心常用刀具

面铣刀可用于粗加工，也可以用于精加工。粗加工要求有较高的生产效率，即要求有较大的铣削用量。为使粗加工时能获得较大的切削深度，切除较大的余量，粗加工宜选择较小的铣刀直径；精加工应能够保证加工精度，要求加工表面粗糙度值要低，应避免在精加工表面上的接刀痕迹，所以精加工的铣刀直径要选大一些，最好能包容加工面的整个宽度。

面铣刀齿数对铣削生产效率和加工质量有直接影响，齿数越多，同时工作齿数越多，生产效率越高，铣削进程越平稳，加工质量越好。直径相同的可转位铣刀根据齿数不同可分为粗齿、细齿、密齿三种，见表2—1—1。粗齿铣刀主要用于粗加工；细齿铣刀用于平稳条件下的铣削加工；密齿铣刀铣削时每齿进给量较小，主要用于薄壁铸铁的加工。

表 2—1—1　　　　　　　可转位铣刀直径与齿数的关系

直径/mm	50	63	80	100	125	160	200	250	315	400	500
粗齿			4		6	8	10	12	16	20	26
细齿				6	8	10	12	16	20	26	34
密齿					12	18	24	32	40	52	64

面铣刀主要用于立式铣床加工平面、台阶面等。面铣刀的主切削刃分布在铣刀的圆柱面上或圆锥面上，副切削刃分布在铣刀的端面上。面铣刀按结构可分为整体式面铣刀、硬质合金整体焊接式面铣刀、硬质合金机夹焊接式面铣刀、硬质合金可转位式面铣刀等形式。

1. 整体式面铣刀

整体式面铣刀如图 2—1—5 所示。由于该铣刀的材料为高速钢，所以其切削速度和进给量都受到一定的限制，生产效率较低，并且由于该铣刀的刀齿损坏后很难修复，所以整体式面铣刀的应用较少。

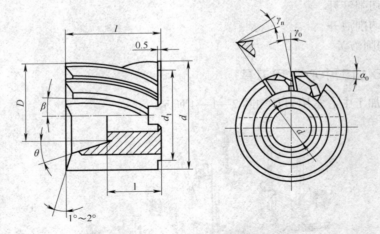

图 2—1—5　整体式面铣刀

2. 硬质合金整体焊接式面铣刀

如图 2—1—6 所示，这种面铣刀由硬质合金刀片与合金钢刀体焊接而成。其结构紧凑，切削效率高。由于它的刀齿损坏后也很难修复，所以这种铣刀的应用也不多。

3. 硬质合金可转位式面铣刀

如图 2—1—7 所示，这种面铣刀是将硬质合金可转位刀片直接装夹在刀体槽中，切削刃磨钝后，只需将刀片转位或更换新的刀片即可继续使用。硬质合金可转位式面铣刀具有加工质量稳定、切削效率高、刀具使用寿命长、刀片的调整和更换方便，以及刀片重复定位精度

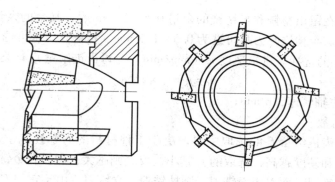

图 2—1—6　硬质合金整体焊接式面铣刀

高的特点，所以该铣刀是目前生产上应用最广的刀具之一。

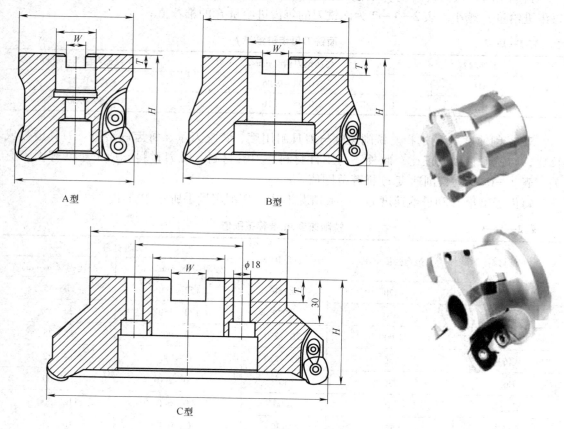

A型

B型

C型

图 2—1—7　硬质合金可转位式面铣刀

五、选择铣削用量

1. 背吃刀量 a_p（端铣）或侧吃刀量 a_e（圆周铣）的选择。铣削加工分为粗铣、半精铣和精铣。粗铣时，在机床动力足够和工艺系统刚度许可的条件下，应选取尽可能大的吃刀量，一般情况下，在留出精铣和半精铣的余量 0.5 ~ 2 mm 后，其余的余量可作为粗铣吃刀量，尽量一次切除。半精铣吃刀量可选为 0.5 ~ 1.5 mm。精铣吃刀量可选为 0.2 ~ 0.5 mm。

2. 进给速度 v_f 的选择。进给速度 v_f（mm/min）与每齿进给量 f_z 有关。

即
$$v_f = f_n = f_z \times z \times n$$

式中　n——铣刀主轴转速，r/min；

　　　z——铣刀齿数。

粗加工时，每齿进给量 f_z 的选取主要取决于工件材料的力学性能、刀具材料和铣刀类型。工件材料强度和硬度越高，选取的 f_z 越小，反之则越大；硬质合金铣刀的每齿进给量 f_z 应大于同类高速钢铣刀；而对于面铣刀、圆柱铣刀、立铣刀，由于它们刀齿强度不同，其每齿进给量 f_z 按面铣刀→圆柱铣刀→立铣刀的排列顺序依次递减。

精加工时，每齿进给量 f_z 的选取要考虑工件表面粗糙度的要求，表面粗糙度值越低，每齿进给量 f_z 越小。表 2—1—2 为面铣刀的每齿进给量 f_z 的推荐值。

表 2—1—2　　　　　　　　　　面铣刀每齿进给量 f_z

工件材料	高速钢刀齿/（mm/z）	硬质合金刀齿/（mm/z）
钢材	0.02 ~ 0.06	0.10 ~ 0.25
铸铁	0.05 ~ 0.10	0.15 ~ 0.30

3. 铣削速度 v_c 的选择。铣削速度与刀具耐用度、背吃刀量、每齿进给量、刀具齿数成反比，与铣刀直径成正比，此外还与工件材料、刀具材料、铣刀材料、加工条件等因素有关。表 2—1—3 为铣削速度 v_c 推荐范围值。

每齿进给量 f_z 和进给速度 v_f，一般情况下从《切削用量手册》中查出。

表 2—1—3　　　　　　　　　　铣削速度 v_c 推荐范围值

工件材料	抗弯强度/MPa	硬度/HBS	刀具材料	
			硬质合金/（m/min）	高速钢/（m/min）
20 钢	420	≤156	150 ~ 190	20 ~ 45
45 钢	610	≤229	120 ~ 150	20 ~ 35
40Cr 调质	1 000	220 ~ 250	60 ~ 90	15 ~ 25
灰铸铁	150	163 ~ 229	70 ~ 100	14 ~ 22
H62	330	56	120 ~ 200	30 ~ 60
铝合金	20	≥60	400 ~ 600	112 ~ 300
不锈钢	55	≤170	50 ~ 100	16 ~ 25

六、平口虎钳的种类及零件安装

平口虎钳又称机用虎钳（俗称虎钳），具有较大的通用性和经济性，适用于尺寸较小的方形工件的装夹。数控铣床常用平口虎钳如图 2—1—8 所示，采用机械螺旋式、气动式或液压式夹紧方式。

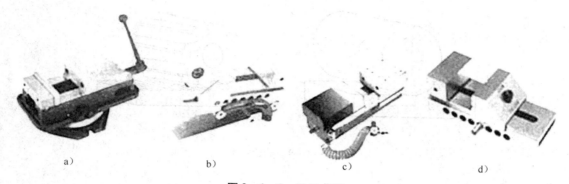

图 2—1—8　平口虎钳
a）旋转夹紧式通用平口钳　b）液压式正弦规平口钳　c）气动式精密平口钳　d）液压式精密平口钳

　　机械螺旋式平口虎钳有回转式和非回转式两种。使用回转式平口虎钳当需要将装夹的工件回转角度时，可按回转盘上的刻度线和虎钳体上的零位刻线直接读出所需的角度值。非回转式平口虎钳没有下部的回转盘。回转式虎钳在使用时虽然方便，但由于多了一层结构，其高度增加，刚性较差，所以在铣削平面、垂直面或平行面时，一般都采用非回转式平口虎钳。把虎钳装夹到工作台上时，钳口与主轴的方向应根据工件长度来决定，对于长的工件，钳口应与主轴垂直，在立式铣床上应与进给方向一致；对于短的工件，钳口与进给方向垂直较好。

　　在把工件毛坯装到虎钳内时，必须注意毛坯表面情况，若是粗糙不平或有硬皮的表面，就必须在两钳口上垫紫铜皮；对粗糙度值小的平面在夹到钳口内时，垫薄的铜皮。为方便加工，还应选择适当厚度的垫铁，垫在工件下面，使工件的加工面高出钳口。高出的尺寸以能把加工余量全部切除完而不至于切到钳口为宜。

项目实施

　　在铣床上铣削平面的方法有两种，即周边铣削（俗称圆周铣削）和端面铣削（俗称端铣）。

一、圆周铣削

　　圆周铣削是指用铣刀周边齿刃进行的铣削，铣削平面时是利用分布在铣刀圆柱面上的切削刃来铣削并形成平面的，如图 2—1—9 所示。图 2—1—9a 所示为假设有一个圆柱做旋转运动，当工件在圆柱下做直线运动通过后，工件表面就被碾成一个平面。图 2—1—9b 所示为一把圆柱形铣刀（铣刀在旋转时可看作是一个圆柱），当工件在铣刀下面以直线运动做进给时，工件表面就被铣出一个平面来。由于圆柱形铣刀是由若干个切削刃组成的，不同于圆柱体，所以在铣出的平面上有微小的波纹。要使被加工表面获得小的表面粗糙度值，工件的进给速度要慢一些，而铣刀的转速要适当增加。

　　用周边铣削的方法铣出的平面，其平面度的好坏，主要取决于铣刀的圆柱度，因此，在精铣平面时，要保证铣刀的圆柱度。

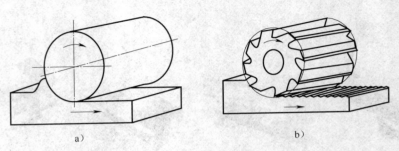

图 2—1—9　周边铣削

二、端面铣削

　　端面铣削是指用铣刀端面齿刃进行的铣削，铣削平面时是利用分布在铣刀断面上的刀尖来形成平面，如图 2—1—10 所示。用端面铣削的方法铣出的平面，也有一条条刀纹，刀纹的粗细（即表面粗糙度值的大小），也与工件的进给速度和铣刀的转速等许多因素有关。

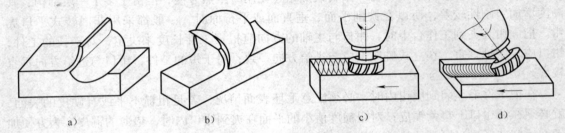

图 2—1—10　端面铣削

　　用端面铣削的方法铣出的平面，其平面度的好坏，主要取决于铣床主轴线与进给方向的垂直度。若主轴与进给方向垂直，则刀尖旋转时的轨迹为一个与进给方向平行的圆环，如图 2—1—10a 所示，这个圆环切割出一个平面。实际上，铣刀刀尖在工件表面会铣出网状刀纹，如图 2—1—10c 所示。若铣床主轴与进给方向不垂直，则相当于用一个倾斜的圆环，把工件表面切出一个凹面来，如图 2—1—10b 所示。此时，铣刀刀尖在工件表面会铣出单向的弧形刀纹。

　　在铣削过程中，若进给方向是刀尖高的一端移向刀尖低的一端时，则会产生"拖刀"现象，如图 2—1—10d 所示；若进给方向是从刀尖低的一端移向高的一端，则无"拖刀"现象。图 2—1—11 所示为一般平面的加工图，图 2—1—12 所示为大平面采用行切法的进给路线图。

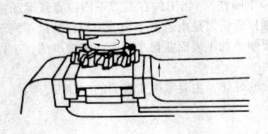

图 2—1—11　水平面加工

三、机床选择

本任务选用的机床为 XK7550 型 FANUC 0i 系统数控铣床。

四、工艺分析

该模板的平面加工选用可转位硬质合金面铣刀，刀具直径为 40 mm，刀具镶有 4 片菱形刀片，使用该刀具可以获得较高的切削效率和表面加工质量。

为方便加工，确定该工件的下刀点在工件右

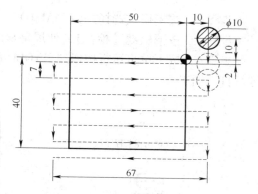

图 2—1—12 行切法铣削平面

下角，用铣刀试切上表面，碰到后向 X 正方向移动出工件区域，从该位置开始程序加工。

1. 编写程序（见表 2—1—4）

表 2—1—4 加工程序

程序号：02

程序段号	程序内容	说明
N10	M03 S600；	主轴正转，转速为 600 r/min
N20	G43 G00 Z0 H01；	Z 向快速定位
N30	G91 G01 Z − 0. 2 F500；	Z 向下刀至加工高度
N40		
N50	X − 240. ；	行切法加工上表面
N60	Y30. ；	
N70	X240. ；	
N80	Y30. ；	
N90	X − 240. ；	
N100	Y30. ；	
N110	X240. ；	
N120	Y30. ；	
N130	X − 240. ；	
N140	G49 G00 Z200. ；	刀具快速抬至安全高度
N150	M05；	主轴停止
	M30；	程序结束

2. 数控加工

（1）安装刀具与装夹工件。

（2）数控程序的输入与校验。

（3）数控程序自动运行操作

1）程序校验。采用机床锁住、空运行和图形显示功能进行程序校验。

2）自动运行操作过程。自动运行操作流程及运行检视画面如图 2—1—13 所示，操作步骤如下。

步骤 1 按下按钮"PROG"，调用刚才输入的程序 O0010。

步骤 2 按下模式选择按钮"AUTO"。

步骤 3 按下软键【检视】，使屏幕显示正在执行的程序及坐标。

步骤 4 按下单步运行按钮"SINGLE BLOCK"，再按下循环启动按钮"CYCLE START"进行自动加工。

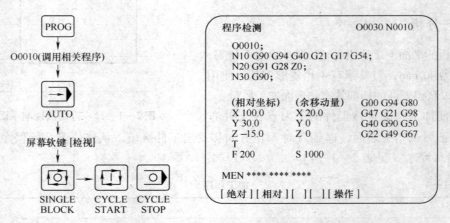

图 2—1—13 自动运行操作流程及运行检视画面

操作过程中出现错误的解决方案有以下几种。

①按循环停止"CYCLE STOP"使程序暂停。该操作主要用于再次确认刀具的运行轨迹及运行的后续程序是否正确。

②按"MDI"功能键"RESET"使程序停止执行，机床恢复到初始状态。该操作主要用于发现程序出错或刀具轨迹出错后的操作。

③按紧急停止按钮"E-STOP"。该操作主要用于机床将出现危险事故的操作，通常情况下，按紧急停止按钮后，需重新进行回参考点操作。

注意： 在首件自动运行加工时，操作者通常是一只手放在循环启动键上，另一只手放在循环停止键上，眼睛时刻观察刀具运行轨迹和加工程序，以保证加工安全。

项目评价

学生任务完成情况检测评分见表 2—1—5。

表 2—1—5　　　　　　　　　　学生任务完成情况检测评分表　　　　　　　　　　　mm

班级：＿＿＿＿＿　　姓名：＿＿＿＿＿　　　学号：＿＿＿＿＿　　　成绩：＿＿＿＿＿

项目与配分		序号	技术要求	配分	评分标准	检测记录	得分
工件加工评分（80%）	轮廓（65%）	1	200 mm	15	超差 0.05 mm 扣 2 分		
		2	100 mm	15	超差 0.05 mm 扣 3 分		
		3	40 mm	15	超差 0.05 mm 扣 3 分		
		4	▱0.2	10	不合格扣 2 分		
		5	Ra6.3 μm	10	每错一处扣 2 分		
	其他（15%）	6	工件按时完成	10	未按时完成全扣		
		7	工件无缺陷	5	缺陷一处扣 2 分		

项目与配分	序号	技术要求	配分	评分标准	检测记录	得分
程序与工艺（10%）	8	程序正确合理	10	每错一处扣1分		
	9	加工工序合理		不合理每处扣1分		
机床操作（10%）	10	机床操作规范	5	出错一次扣2分		
	11	工件、刀具装夹正确	5	出错一次扣2分		
安全文明生产（倒扣分）	12	安全操作	倒扣	发生安全事故、停止操作酌情扣5~30分		
	13	机床整理	倒扣			

学生任务实施过程的小结及反馈：

教师点评：

项目二　外轮廓加工

项目目标

1. 熟悉圆弧插补指令 G02/G03 的编写格式。

2. 掌握编写带有圆弧轮廓零件的加工程序。

3. 掌握控制尺寸精度的基本方法。

项目描述

如图 2—2—1 所示，零件毛坯尺寸为 80 mm × 80 mm × 20 mm，材料为 45 钢，四周与下表面已经加工好，只进行外轮廓加工。

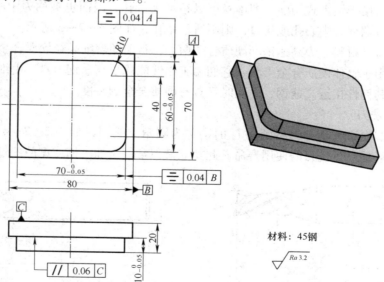

图 2—2—1　外轮廓加工

项目分析

图 2—2—1 所示零件轮廓较为复杂，如果直接计算刀具刀位点的轨迹进行编程，计算复杂，容易出错，编程效率低，而采用刀具半径补偿方式进行编程，则较为简便。

项目知识与技能

一、刀具选择

1. 通用立铣刀

通用立铣刀从结构上可分为整体结构立铣刀（见图 2—2—2）、镶齿可转位立铣刀（见图 2—2—3）和镶齿立铣刀。

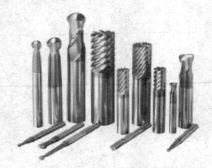

图 2—2—2　整体结构立铣刀

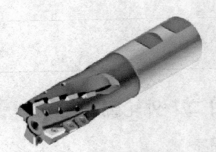

图 2—2—3　镶齿式可转位立铣刀

立铣刀每个刀齿的主切削刃分布在圆柱面上，呈螺旋线性，其螺旋角在 30°～45°之间，这样有利于提高切削过程的平稳性，将冲击减到最小，并可得到光滑的切削表面。

立铣刀每个刀齿的副切削刃分布在端面上，用来加工与侧面垂直的底平面。立铣刀的主切削刃和副切削刃可以同时进行切削，也可以分别单独进行切削。如果立铣刀端部没有中心孔或切口，可以用于钻入式切削，即本身可以钻削定位孔，因而也被称为中心切削立铣刀，但是如果立铣刀端部有中心孔或切口，则不适于钻孔，如图 2—2—3 所示。

立铣刀的刀具材料分为高速钢和硬质合金两类。目前随着细晶粒硬质合金的应用，许多小型立铣刀采用了整体硬质合金刀具，它们的工作性能优于高速钢刀具。由细晶粒硬质合金制成的刀具，其韧性接近高速钢，而同时又具有硬质合金的硬度。

2. 圆角立铣刀

当立铣刀端面边缘具有刀尖圆角 r_e 时，称为圆角立铣刀，如图 2—2—4 所示。立铣刀的刀尖圆角半径提高了铣刀的使用寿命，此类立铣刀常用于加工槽或型腔的过渡圆角。

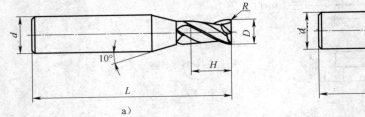

a)　　　　　　　　　　　b)

图 2—2—4　圆角立铣刀

3. 球头立铣刀

如果圆角立铣刀的圆角 r_e 等于刀具半径，则刀具端面刃为球面，此时称为球头立铣刀，如图2—2—5所示。球头立铣刀端面是球面切削刃，刀具能够沿轴向切入工件，也能沿刀具径向切削，主要用于加工三维的型腔或凸凹模成形表面，也可以用于孔口倒角和平面倒角。

二、切削用量的选择

1. 确定主轴的转速

选用 $\phi16$ mm 高速钢四刃立铣刀，根据切削用量表，切削速度选 $v_c = 30$ m/min，因此 $n = 1\,000v_c/\pi d = 1\,000 \times 30/(3.\,14 \times 16) \approx 597$ r/min，最终取 $n \approx 600$ r/min。

2. 确定进给速度

根据切削用量表，选取每齿进给量 $f_z = 0.\,1$ mm，则：

$$v_f = f_z \times z \times n = 0.\,1 \times 4 \times 600 = 240 \text{ mm/min}$$

因此，取 $v_f = 240$ mm/min。

三、程序编制

1. 圆弧插补（G02、G03）

对于加工中心来说，编制圆弧加工程序与在数控铣床上类似，也要选择平面，如图2—2—6所示。

图2—2—5 球头立铣刀

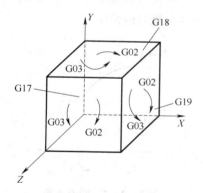

图2—2—6 圆弧插补

编制程序段有两种书写方式，一种是圆心法，另一种是半径法。

（1）书写格式

1）XY 平面圆弧。

$$G17 \quad G02/G03 \quad X\_\_ \quad Y\_\_ \left\{ \begin{matrix} R\_\_ \\ I\_\_ \quad J\_\_ \end{matrix} \right\} \quad F\_\_;$$

2）XZ 平面圆弧。

$$G18 \quad G02/G03 \quad X\_\_ \quad Z\_\_ \left\{ \begin{matrix} R\_\_ \\ I\_\_ \quad K\_\_ \end{matrix} \right\} \quad F\_\_;$$

3）*YZ* 平面圆弧。

$$G19 \quad G02/G03 \quad Y\_\_ \quad Z\_\_ \left\{ \begin{array}{l} R\_\_ \\ J\_\_ \quad K\_\_ \end{array} \right\} F\_\_;$$

（2）圆心编程。与圆弧加工有关的指令说明见表 2—2—1。用圆心编程的情况如图 2—2—7 所示。

表 2—2—1   与圆弧加工有关的指令

条件		指令	说明
平面选择		G17	圆弧在 *XY* 平面上
		G18	圆弧在 *XZ* 平面上
		G19	圆弧在 *YZ* 平面上
旋转方向		G02	顺时针方向
		G03	逆时针方向
终点位置	G90 时	X、Y、Z	终点数据是工件坐标系中的坐标值
	G91 时	X、Y、Z	指定从起点到终点的距离
圆心坐标		I、J、K	起点到圆心的距离

（3）半径编程。用 R 指定圆弧插补时，圆心可能有两个位置，这两个位置由 R 后面值的符号区分，圆弧所含弧度不大于 π 时，R 为正值；大于 π 时，R 为负值。如图 2—2—8 所示为用半径编程时的情况。

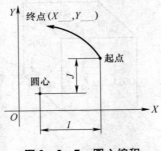

图 2—2—7 圆心编程

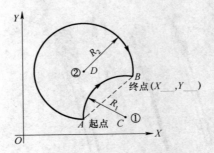

图 2—2—8 半径编程

若编程对象为以 *C* 为圆心的圆弧时有：

G17 G02 X__ Y__ $R+R_1$;

若编程对象为以 *D* 为圆心的圆弧时有：

G17 G02 X__ Y__ $R-R_2$;

其中 R_1、R_2 为半径值。

（4）整圆的编程。如图 2—2—9 所示，整圆程序编写如下。

绝对值编程：G90 G02 I-20.;

增量值编程：G91 G02 I-20.;

在圆弧插补时，I0、J0、K0 可以省略。

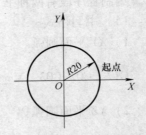

图 2—2—9 整圆程序的编写

注意:

1)在编写整圆程序时,仅用I、J、K指定中心。

2)若写入的半径 R 为0时,机床报警。

3)实际刀具移动速度与指令速度的相对误差在±2%以内,但是这个指定速度是使用刀具半径补偿后沿工件圆弧的速度。

2. 任意角度倒棱角 C/倒圆弧 R

编制程序时可在任意的直线插补和圆弧插补间,自动插入倒棱或倒圆。直线插补(G01)及圆弧插补(G02、G03)程序段最后附加C则自动插入倒棱。附加R则自动插入倒圆。上述指令只在平面选择(G17、G18、G19)指定的平面有效。

C后的数值为假设未倒角时,指令由假象交点到倒角开始点、终止点的距离,如图2—2—10所示。

在倒棱/倒角过程中有的情况在倒角/倒棱前加工",";有的情况下不加工。

N10 G91 G01 X100. C10. ;

N20 X100. Y100. ;

R 后的数值指令倒圆 R 的半径值,如图2—2—11所示。

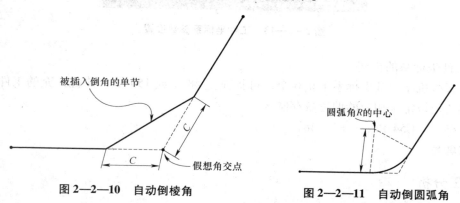

图2—2—10 自动倒棱角

图2—2—11 自动倒圆弧角

N10 G91 G01 X100. R10. ;

N20 X100. Y100. ;

上述倒棱角 C 及倒圆角 R 程序段之后的程序段,须是直线插补(G01)或圆弧插补(G02、G03)的移动指令。若为其他指令,则出现 P/S 报警,警示号为52。

四、用 G54~G59 设置工件坐标系

1. 工件坐标系的设定

用 G54~G59 可以选择 6 个工件坐标系,分别为工件坐标系 1~6,通过面板设定机床零点到各个坐标原点的距离,便可设定 6 个工件坐标系,如图2—2—12所示。

G54~G59 是模态指令,在执行过手动回参考点之后,如果未选择工件坐标系自动设定功能,系统便按缺省值选择

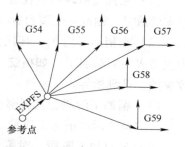

图2—2—12 加工坐标系偏置

G54 ~ G59 中的一个。一般情况下系统把 G54 作为缺省值。

2. G54 ~ G59 参数设置

在 MDI 键盘上单击"OFFSET SETTING"键，按软键"坐标系"进入坐标系参数设定界面，输入"Ox"（01 表示 G54，02 表示 G55，以此类推），按软键"NO 检索"，光标停留在选定的坐标系参数设定区域，如图 2—2—13 所示。

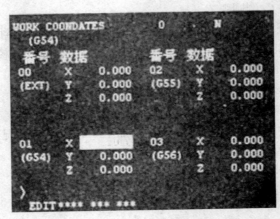

图 2—2—13　工件坐标系参数设置

3. 工件坐标系的扩充

对于某些机床，其坐标系不止 6 个，可扩充至 48 个或 150 个，并将扩充的工件坐标系的原点偏置值设定到相应的偏置量存储区。

指令格式：G54 Pn；n = 1 ~ 48。

项目实施

一、加工分析

1. 加工阶段

当零件的加工质量要求较高时，往往不可能用一道工序来满足其要求，而要用几道工序逐步达到所要求的加工质量。为保证加工质量和合理地使用设备、人力，零件的加工过程通常按工序性质不同，分为粗加工、半精加工、精加工和光整加工四个阶段。

（1）粗加工阶段。其任务是切除毛坯上大部分多余的金属，使毛坯在形状和尺寸上接近零件成品，因此，主要目标是提高生产效率。

（2）半精加工阶段。其任务是使主要表面达到一定的精度，留有一定的精加工余量，为主要表面的精加工（如精铣、精磨）做好准备。并可完成一些次要表面的加工，如扩孔、攻螺纹、铣键槽等。

（3）精加工阶段。其任务是保证各主要表面达到规定的尺寸精度和表面粗糙度要求。主要目的是全面保证加工质量。

（4）光整加工阶段。对零件上精度和表面粗糙度要求很高的表面，需进行光整加工，其主要目的是提高尺寸精度、减小表面粗糙度。一般不用来提高位置精度。

2. 数控铣削加工工序的划分原则

（1）按所需刀具划分。以同一把刀具完成的那一部分工艺过程为一道工序，这种方法适用于工件的待加工表面较多、机床连续工作时间较长、加工程序的编制和检查难度较大等情况。

（2）按安装次数划分。以一次安装完成的那一部分工艺过程为一道工序，这种方法适用于加工内容不多的工件，加工完成后就能达到待检状态。

（3）按粗、精加工划分。即粗加工中完成的那部分工艺过程为一道工序，精加工中完成的那一部分工艺过程为一道工序。这种划分方法适用于加工后变形较大，需粗、精加工分开的零件，如毛坯为铸件、焊接件或锻件。

（4）按加工部位划分。即以完成相同型面的那一部分工艺过程为一道工序，对于加工表面多而复杂的零件，可按其结构特点（如内形、外形、曲面、平面等）划分成多道工序。

3. 工步的划分

工步是指在一次装夹中，加工表面、切削刀具和切削用量都不变的情况下进行的那部分加工。划分工步的要点是工件表面、切削刀具和切削用量三不变。同一工步中可能有几次进给。

通常情况下，可分别按粗、精加工分开，先面后孔的加工方法和切削刀具来划分工步。在划分工步时，要根据零件的结构特点、技术要求等情况综合考虑。

4. 数控铣削加工顺序的安排

（1）基面先行原则。

（2）先粗后精原则。

（3）先主后次原则。

（4）先面后孔原则。

5. 铣削外轮廓的进给路线

如图 2—2—14 所示，当铣削平面零件外轮廓时，一般采用立铣刀侧刃切削。刀具切入工件时，应避免沿零件外轮廓的法向切入，而应沿外轮廓曲线延长线的切向切入，以避免在切入处产生刀具刻痕而影响表面质量，保证零件外轮廓曲线平滑过渡。同理，在切离工件时，也应避免在工件的轮廓处直接退刀，而应该沿零件轮廓延长线的切向逐渐切离工件。

如图 2—2—15 所示为圆弧插补方式铣削外整圆时的进给路线图。当整圆加工完毕时，不要在切点处直接退刀，而应让刀具沿切线方向多运动一段距离，以免取消刀补时，刀具与工件表面相碰，造成工件报废。

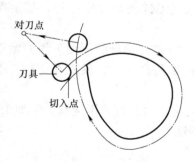

图2—2—14 外轮廓加工刀具的切入和切出

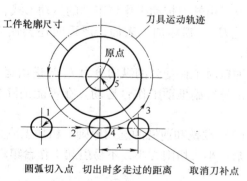

图2—2—15 铣削外圆的加工路线

6. 顺铣和逆铣的概念、特点及选用原则

（1）顺铣和逆铣的概念。用铣刀圆周上的切削刃来铣削工件的表面称为周铣法。其有两种铣削方式。

1）顺铣。铣刀旋转方向与工件进给方向相同。铣削时每齿切削厚度从最大逐渐减小到零，如图 2—2—16a 所示。

2）逆铣。铣刀旋转方向与工件进给方向相反。铣削时每齿切削厚度从零逐渐到最大而后切出，如图 2—2—16b 所示。

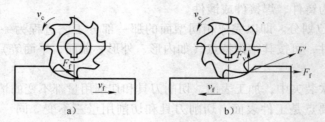

图 2—2—16　顺铣与逆铣
a）顺铣　b）逆铣

（2）顺铣和逆铣的特点

1）切削厚度的变化。逆铣时，每个刀齿的切削厚度由零增至最大。但切削刃并非绝对锋利，铣刀刃口处总有圆弧存在，刀齿不能立刻切入工件，而是在已加工表面上挤压滑行，使该表面的硬化现象严重，影响了表面质量，也使刀齿的磨损加剧。顺铣时刀齿的切削厚度是从最大到零，但刀齿切入工件时的冲击力较大，尤其工件待加工表面是毛坯或者有硬皮时。

2）切削力方向的影响。顺铣时作用于工件上的垂直切削分力 F_v 始终压下工件，这对工件的夹紧有利。逆铣时垂直切削分力 F_v 向上，有将工件抬起的趋势，易引起振动，影响工件的夹紧。铣薄壁和刚度差的工件时影响更大。

铣床工作台的移动是由丝杠和螺母传动的，丝杠和螺母间有螺纹间隙。顺铣时工件受到的纵向分力 F_f 与进给运动方向相同，而一般主运动的速度大于进给速度 v_f，因此纵向分力 F_f 有使接触的螺纹传动面分离的趋势，当铣刀切到材料上的硬点或因切削厚度变化等原因，引起纵向分力 F_f 增大，超过工作台进给摩擦阻力时，原来螺纹副推动的运动形式变成了由铣刀带动工作台窜动的运动形式，引起进给量突然增加。这种窜动现象不但会引起"扎刀"，损坏加工表面；严重时还会使刀齿折断，或使工件夹具发生移位，甚至损坏机床。

逆铣时工件受到的纵向分力 F_f 与进给运动方向相反，丝杠与螺母的传动工作面始终接触，由螺纹副推动工作台运动。在不能消除丝杠与螺母间隙的铣床上，只适宜逆铣，不宜顺铣。

（3）顺铣和逆铣的选用原则。粗加工或加工有硬皮的毛坯时，宜采用逆铣。精加工时，加工余量小，切削力小，不易引起工作台窜动，可采用顺铣。

二、加工准备

1. 选择数控机床

本任务选用的机床为 TK7650 型 FANUC 0i 系统数控铣床。

2. 选择刀具及切削用量

加工本任务工件时，选择立铣刀（刀具材料为高速钢）进行加工，直径为 16 mm。

切削用量推荐值如下：主轴转速 $n = 500 \sim 700$ r/min；进给速度取 $v_{\mathrm{f}} = 100 \sim 200$ mm/min；背吃刀量的取值等于台阶高度，取 $a_{\mathrm{p}} = 10$ mm。

三、编写加工程序

1. 设计加工路线

加工本任务工件时，要注意轮廓尺寸需加上刀具半径值，编程时采用延长线上切入的方式。

2. 编制加工程序（见表 2—2—2）

表 2—2—2 加工程序

程序号：01		
程序段号	程序内容	说明
	O0002；	程序号
N10	G90 G94 G21 G40 G17 G54；	程序初始化
N20	G91 G28 Z0；	Z 向回参考点
N30	M03 S600 M08；	主轴正转，切削液开
N40	G90 G00 X-43. Y-50. ；	刀具快速在 XY 平面中定位
N50	Z20. ；	Z 向快速定位
N60	G01 Z-10. F100；	Z 向下刀至加工高度
N70	Y20. ；	加工左侧外形轮廓
N80	G02 X-25. Y38. R10. ；	
N90	G01 X25. ；	加工上方外形轮廓
N100	G02 X43. Y20. R10. ；	
N110	G01 Y-20. ；	加工右侧外形轮廓
N120	G02 X25. Y-38. R10. ；	
N130	G01 X-25. ；	加工下方外形轮廓
N140	G02 X-43. Y-20. R10. ；	
N150	G01 X-50. ；	刀具移出工件
N160	G00 Z100. ；	刀具抬到安全高度
N170	M09；	切削液关
N180	M05；	主轴停转
N190	M30；	程序结束

项目评价

学生任务完成情况检测评分见表 2—2—3。

表 2—2—3　　　　　　　　　学生任务完成情况检测评分表　　　　　　　　mm

班级：＿＿＿＿＿＿　姓名：＿＿＿＿＿＿　学号：＿＿＿＿＿＿　成绩：＿＿＿＿＿＿

项目与配分	序号	技术要求	配分	评分标准	检测记录	得分
工件加工评分（60%）	1	70 mm	7	超差 0.01 mm 扣 1 分		
	2	60 mm	7	超差 0.01 mm 扣 1 分		
	3	10 mm	7	超差 0.01 mm 扣 1 分		
	4	平行度 0.04 mm	7	超差 0.01 mm 扣 1 分		
	5	对称度 0.04 mm	4×4	超差 0.01 mm 扣 1 分		
	6	表面粗糙度	6	每错一处扣 1 分		
	7	圆弧连接光滑	5	每错一处扣 1 分		
	8	一般尺寸	5	每错一处扣 1 分		
程序与加工工艺（20%）	9	程序正确、规范	5	不规范扣 2 分/处		
	10	工件、刀具装夹正确	10	不规范扣 2 分/处		
	11	加工工艺合理	5	不合理扣 2 分/处		
机床操作（10%）	12	对刀操作正确	5	不规范扣 2 分/处		
	13	机床操作不出错	5	不规范扣 2 分/处		
安全文明生产（10%）	14	安全操作	5	出错全扣		
	15	机床维护与保养	5	不合格全扣		

学生任务实施过程的小结及反馈：

教师点评：

项目三　内轮廓加工

项目目标

1. 了解数控铣床的种类、结构及各部分的功能以便掌握数控铣床操作面板及各种加工参数。

2. 了解数控铣床的零件加工工艺分析并学会编程。

项目描述

在各种各样的机械加工中，内轮廓是常见的加工元素。内轮廓的加工在数控铣床零件加工中占有重要的地位，对于某些具有配合的零件来说，内轮廓的加工精度直接影响着工件的配合及最终的使用。本模块主要介绍在数控铣床或加工中心上加工内轮廓。

项目分析

仔细观察图2—3—1所示零件，用数控铣床进行加工。在加工过程中以直径为20 mm的内轮廓圆为例讲解内轮廓的加工。在加工过程中通过粗加工、半精加工、精加工来保证尺寸，体会内轮廓与外轮廓在加工时的区别和联系，以及在保证加工精度上有何异同点。

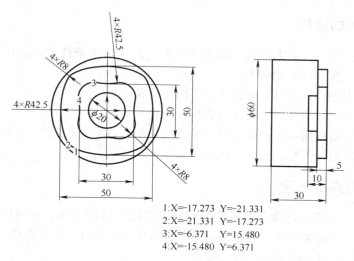

1:X=−17.273 Y=−21.331
2:X=−21.331 Y=−17.273
3:X=−6.371   Y=15.480
4:X=−15.480 Y=6.371

图2—3—1 加工图形

项目知识与技能

一、数控铣床刀具的选择

数控铣床切削加工具有高速、高效的特点，与传统铣床切削相比，数控铣床对切削加工的要求更高，铣削刀具的刚性、强度、耐用度和安装调整方法都会直接影响切削加工的工作效率；刀具本身的精度、尺寸的稳定性都会直接影响到工件的加工精度及表面的加工质量，合理选用切削刀具也是数控加工工艺中的重要内容之一。金属在切削过程中，刀具切削部分存在较大的切削力、较高的切削温度。

在切削余量不均匀及断续加工时，刀具受到很大的冲击和振动，因此，刀具切削部分的材料应具备如下性能。

1. 高硬度

硬度是刀具材料最基本的性能，其硬度必须高于工件材料的硬度，方能将工件上多余的金属切削掉。

2. 高耐磨性

耐磨性是刀具抵抗磨损的能力，在剧烈的摩擦下刀具磨损要小。高耐磨性一方面取决于它的硬度，另一方面与它的化学成分、纤维组织有关。材料硬度越高，耐磨性越好；含有耐磨的合金化合物越多、晶粒越细、分布越均匀则耐磨性越好。

3. 足够的强度和韧度

切削时刀具要能承受各种压力与冲击。一般用抗弯强度和冲击韧度来衡量材料强度与韧度的高低。

4. 高耐热性与化学稳定性

高耐热性是指刀具在高温下仍能保持原有的硬度、强度、韧度和耐磨性能。化学稳定性是指高温下不易与加工材料或周围介质发生化学反应的能力，包括抗氧化能力和抗黏结能力。化学稳定性越高，刀具磨损越慢，加工表面的质量越好。

二、孔加工刀具的选用

1. 数控机床孔加工一般无钻模，由于钻头的刚性和切削条件差，选用钻头直径 D 应满足 $L/D \le 5$（L 为钻孔深度）的条件。

2. 钻孔前先用中心钻定位，保证孔加工的定位精度。

3. 精铰孔可选用浮动绞刀，铰孔前孔口要倒角。

4. 镗孔时应尽量选用对称的多刃镗刀头进行切削，以平衡径向力，减少镗削振动。

5. 尽量选择较粗和较短的刀杆，以减少切削振动。

三、铣削加工刀具的选用

1. 镶装不重磨可转位硬质合金刀片的铣刀主要用于铣削平面，粗铣时铣刀直径选小一些，精铣时铣刀直径选大一些。当加工余量大且余量不均匀时，刀具直径选小一些，否则会造成因接刀刀痕过深而影响工件的加工质量。

2. 对立体曲面或变斜角轮廓外形工件加工时，常采用球头铣刀、环形铣刀、鼓形铣刀、锥形铣刀、盘形铣刀。

3. 高速钢立铣刀多用于加工凸台和凹槽。如果加工余量较小，表面粗糙度要求较高时，可选用镶立方氮化硼刀片或镶陶瓷刀片的端面铣刀。

4. 毛坯表面或孔的粗加工，可选用镶硬质合金的玉米铣刀进行强力切削。加工精度要求较高的凹槽，可选用直径小于槽宽的立铣刀，先铣槽的中间部分，然后利用刀具半径补偿功能能铣削槽的两边。

本图比较简单，根据上述讲解可知，用直径为 8 mm 的高速钢立铣刀进行加工即可，这样不仅免去刀具长度补偿值的确定，又能较好地保证深度尺寸。

项目实施

一、加工工艺分析

1. 加工方案 1。铣平面→铣直径为 20 mm 的圆（内轮廓）→铣尺寸为 30 mm 的内轮廓→铣尺寸为 50 mm 的外轮廓→铣直径为 60 mm 的圆（外轮廓）。

2. 加工方案 2。铣平面→铣直径为 60 mm 的圆（外轮廓）→铣尺寸为 50 mm 的外轮廓→铣尺寸为 30 mm 的内轮廓→铣直径为 20 mm 的圆（内轮廓）。

二、加工方案的确定

针对图样的要求确定加工方案，以及"先面后孔、先粗后精、先上后下、先外后里"的加工原则，确定加工方案 2 为最终加工方案。

三、夹具的安装

1. 装刀

立式加工中心装刀有两种方法，一是选择菜单"机床/选择刀具"，在"选择铣刀"对话框内将刀具添加到主轴（参见项目知识与技能三、选择刀具）；二是用 MDI 指令方式将刀架上的刀具放置在主轴上。这里介绍采用 MDI 指令方式装刀。

（1）将操作面板上的模式旋钮置于 MDI 挡，进入 MDI 编辑模式。

（2）按 [PRGRM] 键，使 CRT 界面显示 MDI 编辑界面，如图 2—3—2 所示。

（3）点击 MDI 键盘上的数字/字母键，输入"G28"，按 [INPUT] 键将输入域中的内容输入到指定位置，此时 CRT 界面上的第一行出现"G28"。

（4）点击 MDI 键盘上的数字/字母键，输入"Zx"（x 表示任意小于等于 0 的数字），按 [INPUT] 键将输入域中的内容输入到指定位置，告知机床通过某点回换刀点。此时 CRT 界面如图 2—3—3 所示，点击 [循环启动] 按钮，机床运行到换刀点，如图 2—3—4 所示。

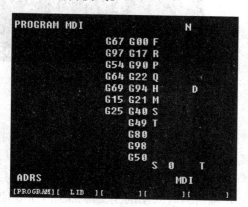

图 2—3—2　MDI 编辑界面

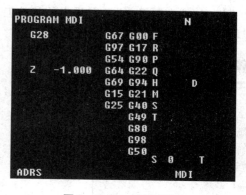

图 2—3—3　CRT 界面

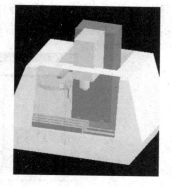

2—3—4　机床运行到换刀点

（5）点击 MDI 键盘，输入"Tx"，如 1 号刀位，则输入"T01"，按 [INPUT] 键将输入域中的内容输入到指定位置。

（6）点击 MDI 键盘，输入"M06"，按 [INPUT] 键将输入域中的内容输入到指定位置，此时 CRT 界面如图 2—3—5 所示。

（7）按循环启动按钮 [循环启动]，刀架旋转后将指定刀位的刀具装好，如图 2—3—6 所示。

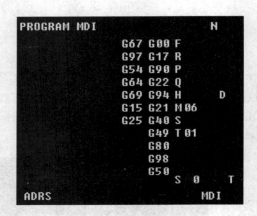

图2—3—5　CRT 界面

图2—3—6　装好刀具

2. 对刀（确定 G54 坐标）

数控程序一般按工件坐标系编程，对刀的过程就是建立工件坐标系与机床坐标系之间关系的过程。

一般铣床及加工中心在 X、Y 方向对刀时使用的基准工具包括刚性靠棒和寻边器两种。对 Z 轴对刀时采用的是实际加工时所要使用的刀具。通常有塞尺检查法和试切法。

下面具体说明立式加工中心对刀的方法。其中将工件上表面中心点设为工件坐标系原点。将工件上其他点设为工件坐标系原点的对刀方法与其类似。

（1）刚性靠棒 X、Y 轴对刀。点击菜单"机床/基准工具…"，在弹出的基准工具对话框中，左边的是刚性靠棒基准工具，右边的是寻边器，如图2—3—7 所示。

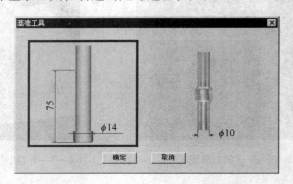

图2—3—7　刚性靠棒 X、Y 轴对刀

刚性靠棒采用检查塞尺松紧的方式对刀，具体过程如下（采用将零件放置在基准工具的左侧，即正面视图的方式）。

首先 X 轴方向对刀。将操作面板中模式旋钮 切换到手动，进入"手动"方式；点击 MDI 键盘上的 ，使 CRT 界面上显示坐标值；借助"视图"菜单中的动态旋转、动态放缩、动态平移等工具，利用操作面板上的按钮 和手动轴选择旋钮 ，将机床移动到如图 2—3—8 所示位置。

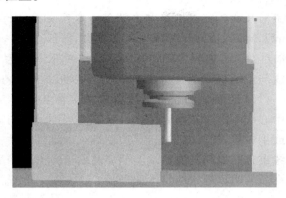

图 2—3—8　移动机床

移动到大致位置后，可以采用手轮方式移动机床，点击菜单"塞尺检查/1 mm"，将操作面板的模式旋钮切换到手轮挡，通过调节操作面板上的倍率旋钮，在手轮

上点击鼠标左键或右键精确移动靠棒，使得提示信息对话框显示"塞尺检查的结果：合适"，如图 2—3—9 所示。

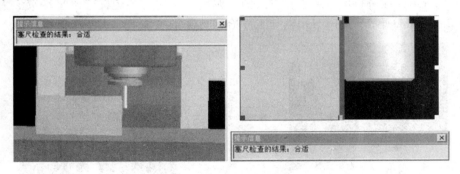

图 2—3—9　塞尺检查合格

记下塞尺检查结果为"合适"时 CRT 界面中的 X 坐标值，此为基准工具中心的 X 坐标，记为 X_1；将定义毛坯数据时设定的零件长度记为 X_2；将塞尺厚度记为 X_3；将基准工件直径记为 X_4（可在选择基准工具时读出），则工件上表面中心的 X 坐标＝基准工具中心的 X 坐标－零件长度的一半－塞尺厚度－基准工具半径，记为 X。

即：$X = X_1 - X_2/2 - X_3 - X_4/2$。

Y 方向对刀采用同样的方法。得到工件中心的 Y 坐标，记为 Y。

完成 X、Y 方向对刀后，点击菜单"塞尺检查/收回塞尺"将塞尺收回；将操作面板中模式旋钮切换到手动，机床转入手动操作状态；将手动轴旋钮设在 Z 轴，点

击按钮 ，将 Z 轴提起；再点击菜单"机床/拆除工具"拆除基准工具。

　　注意：塞尺有各种不同尺寸，可以根据需要调用。本系统提供的塞尺尺寸有 0.05 mm、0.1 mm、0.2 mm、1 mm、2 mm、3 mm、100 mm（量块）。

　　（2）寻边器 X、Y 轴对刀。寻边器由固定端和测量端两部分组成。固定端由刀具夹头夹持在机床主轴上，中心线与主轴轴线重合。在测量时，主轴以 400 r/min 的速度旋转。通过手动方式，使寻边器向工件基准面移动靠近，让测量端接触基准面。在测量端未接触工件时，固定端与测量端的中心线不重合，两者呈偏心状态。当测量端与工件接触后，偏心距减小，这时使用点动方式或手轮方式微调进给，寻边器继续向工件移动，偏心距逐渐减小。当测量端和固定端的中心线重合的瞬间，测量端会明显的偏出，出现明显的偏心状态。这时主轴中心位置距离工件基准面的距离等于测量端的半径。

　　首先 X 轴方向对刀。在手动状态下，点击操作面板上 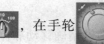 的"正转"或"反转"按钮，使主轴转动。未与工件接触时，寻边器测量端大幅度晃动。

　　移动到大致位置后，可以采用手轮方式移动机床，将操作面板的模式旋钮 切

换到手轮挡，通过调节操作面板上的倍率旋钮 ，在手轮 上点击鼠标左键或右键精确移动寻边器，寻边器测量端晃动幅度逐渐减小，直至固定端与测量端的中心线重合，如图 2—3—10 所示，在进行增量或手轮方式的小幅度进给时，寻边器的测量端突然大幅度偏移，如图 2—3—11 所示，此时寻边器与工件恰好吻合。

图 2—3—10　固定端与测量端的
　　　　　　中心线重合

图 2—3—11　寻边器与工件吻合

　　记下寻边器与工件恰好吻合时 CRT 界面中的 X 坐标，此为基准工具中心的 X 坐标，记为 X_1；将定义毛坯数据时设定的零件的长度记为 X_2；将基准工件直径记为 X_3（可在选择基准工具时读出），则工件上表面中心的 X 坐标 = 基准工具中心的 X 坐标 - 零件长度的一半 - 基准工具半径，记为 X。

　　即：$X = X_1 - X_2/2 - X_3/2$。

　　Y 方向对刀采用同样的方法。得到工件中心的 Y 坐标，记为 Y。

完成 X、Y 方向对刀后，将操作面板中模式旋钮 切换到手动，机床转入手动操作状态；将手动轴旋钮 设在 Z 轴，点击按钮 ，将 Z 轴提起；再点击菜单"机床/拆除工具"拆除基准工具。

立式加工中心 Z 轴对刀时首先要将选定的刀具放置在主轴上，再逐把对刀。将操作面板中模式旋钮 切换到手动，进入"手动"方式；点击 MDI 键盘上的 POS，使 CRT 界面上显示坐标值；借助"视图"菜单中的动态旋转、动态放缩、动态平移等工具，利用操作面板上的按钮 和手动轴选择旋钮 ，将机床移动到如图 2—3—12 所示位置。

用类似在 X、Y 方向对刀的方法进行塞尺检查，得到"塞尺检查：合适"时 Z 的坐标值，记为 Z_1，如图 2—3—13 所示，则坐标值为 Z_1 减去塞尺厚度后数值为 Z 坐标原点，此时工件坐标系在工件上表面。

图 2—3—12 移动机床

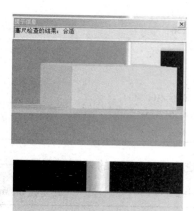

图 2—3—13 塞尺检查合格

打开菜单"视图/选项…"中"声音开"和"铁屑开"选项。

点击操作面板上 的"正转"或"反转"按钮使主轴转动；将手动轴选择旋钮 设在 Z 轴位置，点击操作面板上的按钮 ，切削零件的声音刚响起时停止，使铣刀切削零件小部分，记下此时 Z 的坐标值，记为 Z，此为工件表面一点处的 Z 坐标值。

通过对刀得到的坐标值（X、Y、Z）即为工件坐标系原点在机床坐标系中的坐标值。

（3）零件的安装

1）根据工件的尺寸正确选择合适的虎钳装卡范围（65 mm×65 mm 的毛坯料）。

2）放置垫铁。

3）用虎钳夹紧工件，轻轻敲击工件未靠近虎钳的两侧，确定工件是否夹紧。

4）用金属锤敲击工件上表面，使工件夹平。

3. 加工过程
（1）铣平面（见表2—3—1）。

表2—3—1　　　　　　　　　　　　　铣平面的加工程序

	程序号：01	
程序段号	程序内容	说明
	%1	
N10	G91 G28 Z0;	Z轴初回到零点
N20	G90 G54 G00 X0 Y0 S1500 M3;	定位 X0、Y0；主轴正转，转速为 1 500 r/min
N30	G43 H1 Z100;	
N40	Z5 M08;	初始平面 Z5 mm，切削液开
N50	X70 Y70;	
N60	G01 Z-2 F200;	切削深度为 Z-2 mm
N70	X-70;	
N80	Y63;	
N90	X70;	
N100	Y56;	
N110	.	
	.	
	.	
N210	G00 Z100 M09;	Z 向退刀至 Z100 mm
N220	M30;	程序结束并返回程序开始
N230	%	

（2）铣直径60 mm 的外圆（见表2—3—2）。

表2—3—2　　　　　　　　　　　　直径60 mm 外圆的加工程序

	程序号：02	
程序段号	程序内容	说明
	%1	
N10	G91 G28 Z0;	Z轴初回到零点
N20	G90 G54 G00 X0 Y0 S1000 M3;	定位（X0、Y0）；主轴正转，转速为 1 000 r/min
N30	G43 H1 Z100;	长度补偿
N40	Z5 M08;	初始平面 Z5 mm，切削液开
N50	X75 Y75;	
N60	G01 Z-6/-12/-18/-24/-30;	切削深度为 Z－6 mm、－12 mm、－18 mm、－24 mm、－30 mm
N70	G01 G41 D1 X60 Y0（D＝4.2、4.1、4.0）;	刀具半径补偿分别为4.2、4.1、4.0
N80	G02 I-30 J0;	整圆加工
N90	G01 G40 X75 Y0;	
N100	G00 Z100 M09;	Z 向退刀至 Z100 mm
N110	M30;	程序结束并返回程序开始
N120	%	

（3）铣 50 mm 的外轮廓（表 2—3—3）。

表 2—3—3　　　　　　　　　　　　50 mm 外轮廓的加工程序

程序段号	程序内容	说明
	%1	
N10	G91 G28 Z0;	Z 轴初回到零点
N20	G90 G54 G0 X0 Y0 S1 000 M3;	定位（X0、Y0）；主轴正转，转速为 1 000 r/min
N30	G43 H1 Z100;	长度补偿
N40	Z5 M08;	初始平面 Z5 mm，切削液开
N50	X75 Y75;	
N60	G01 Z-5 F150;	切削深度为 Z-5 mm
N70	G01 G41 D1 X17.273 Y21.331;	刀具半径补偿
N80	G02 X21.331 Y17.273 R8;	
N90	Y-17.273 R42.5;	
N100	X17.273 Y-21.331 R8;	
N110	X-17.273 R42.5;	
N120	X-21.331 Y-17.273 R8;	
N130	Y17.273 R42.5;	
N140	X-17.273 Y21.331 R8;	
N150	X17.273 R42.5;	
N160	Y75;	
N170	G01 G40 X75;	
N180	G00 Z100 M09;	Z 向退刀至 Z100 mm
N190	M30;	程序结束并返回程序开始
	%	

（4）铣 30 mm 的内轮廓（重点讲解）（见表 2—3—4）。

表 2—3—4　　　　　　　　　　　　30 mm 内轮廓的加工程序

程序段号	程序内容	说明
	%1	
N10	G91　G28　Z0;	Z 轴初回到零点
N20	G90　G54　G0　X0　Y0　S1000　M3;	定位（X0、Y0）；主轴正转，转速为 1 000 r/min
N30	G43　H1　Z100;	长度补偿
N40	X0　Y0;	
N50	G01　Z-5　F100　M08;	切削深度为 Z-5 mm
N60	G01　G41　D1　Y15;	刀具半径补偿
N70	X-6.371　Y15.48;	
N80	G03　X-15.48　Y6.371　R8	
N90	G01　Y-6.371;	
N100	G03　X-6.371　Y-15.48　R8;	
N110	G01　X6.371;	

续表

程序段号	程序内容	说明
N120	G03　X15.48　Y6.371　R8；	
N130	G01　Y6.371；	
N140	G02　X6.371　Y15.48　R8；	
N150	G01　X0；	
N160	G00　Z100　M09；	Z 向退刀至 Z100 mm
N170	M30；	程序结束并返回程序开始
	%	

（5）铣直径 20 mm 的内圆（见表 2—3—5）。

表 2—3—5　　　　　　　　　　直径 20 mm 内圆的加工程序

程序号：05

程序段号	程序内容	说明
	%1	
N10	G91　G28　Z0；	Z 轴初回到零点
N20	G90　G54　G0　X0　Y0　S1000　M3；	定位（X0、Y0）；主轴正转，转速为 1 000 r/min
N30	G43　H1　Z100；	长度补偿
N40	Z5　M08；	
N50	G01　Z-10　F100；	切削深度为 Z-10 mm
N60	G01　G41　D1　X10；	刀具半径补偿
N70	G03　I-10　J0；	
N80	G01　G40　X0　Y0；	取消刀具半径补偿
N90	G00　Z100　M09；	Z 向退刀至 Z100 mm
N100	M30；	程序结束并返回程序开始
	%	

项目评价

本图是简单的训练图形，一方面是让学生了解并掌握内轮廓的加工方法，认识数控铣床加工内轮廓与外轮廓的区别，学会内轮廓加工保证精度的方法；另一方面让学生进一步巩固和复习数控铣床的各种指令，能够借助软件进行零件造型，学会分析具有一定复杂程度的综合工件的加工工艺，正确选择刀具，合理确定切削参数，生成加工程序，传输程序，编辑校验程序，并能借助通信软件将加工程序传至机床，最终完成零件加工。同时选择合理的定位基准正确装夹工件，选择安装刀具，设定坐标系，最终完成零件加工并进行检验。

项目四　凸台加工

项目目标

1. 掌握对工件的编程。

2. 掌握铣削加工的 G41 \ G42 \ G40 半径补偿指令以及工件的定位装夹。

项目描述

在各种机械产品中，零件的轮廓一般是由直线段、圆弧段或其他曲线段构成，通常分为外轮廓和内轮廓两大类，凸台加工是比较常见的一种外轮廓加工，凸台的作用是为了减少加工面积，使配合面接触良好。

项目分析

如图2—4—1所示，需要对尺寸为 55 mm × 35 mm × 30 mm 的零件加工出由多个外轮廓组成的凸台，零件材料为铝。

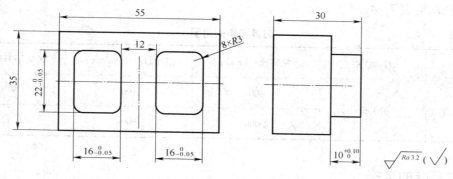

图2—4—1 凸台加工任务

项目知识与技能

一、刀具的选择

根据不同的加工内容，需要不同规格的刀具来进行加工，一般铣削凸台常用的刀具为立铣刀。该项目零件材料为铝，可以采用直柄过中心三刃超硬高速钢立铣刀，其最大特色是其中1个刃长度加长，过中心，它本身强韧、抗边缘磨损性强，可用于粗铣或精铣大多数材料，包括钢、不锈钢、非铁和非金属材料，切削速度可比高速钢高，强度和韧性较粉末冶金好。

二、切削用量

切削用量是加工过程中重要的组成部分，它是表示切削运动参数的量，其中包括主轴转速、切削深度与宽度、进给量、行距、残留高度等。合理选择切削用量与提高劳动生产效率、加工质量及经济性有着密切的关系，对于不同的加工方法，需要选择不同的切削用量。切削用量的选择原则是：保证零件加工精度和表面粗糙度，充分发挥刀具切削性能，保证合理的刀具耐用度，并充分发挥机床的性能，最大限度地提高生产效率、降低成本。

切削用量的计算方法如下。

进给量：
$$f = nZt$$

式中　n——主轴转速；

　　　Z——铣刀齿数；

    t——每齿进给量，mm/min 或者 mm/z。

    背吃刀量：a_p 一般为 0.2 ~ 0.5 mm。

    主轴转速：$n = 1\ 000\ v/\ (\pi D)$

式中   *v*——切削速度，mm/min；

       D——刀具直径，mm。

    本任务选用两把直柄过中心三刃超硬高速钢立铣刀，加工时分为粗加工和精加工，需要注意的是刀具长度满足本任务的需要就可以，刀具探出越短，相对切削就越稳定，刀具及切削用量的选用见表 2—4—1。

表 2—4—1   刀具及切削用量

刀具名称	刀具规格	主轴转速/（r/min）	进给量/（mm/min）	Z 向下刀量/mm
三刃立铣刀	φ10 mm	800	100	9.9
		2 000	600	0.125

三、定位基准的选择

    定位基准有粗基准和精基准两种，用未加工的毛坯表面作为定位基准称为粗基准，用已加工的工件表面作为定位基准称为精基准。选择定位基准要遵循基准重合原则，要求设计基准、工艺基准和加工基准统一，这样就可以减少基准不重合产生的误差和数控加工中的计算量。在本次加工实例中，工件的外形已经加工完，可以选择工件下表面作为基准，利用两个边进行装夹加工。

四、半径补偿的使用

    在编制数控铣削加工程序时，为了编程方便，可以将刀具假想成一个刀位点，设想刀位点与编程轨迹重合，由于刀具存在一定的直径，使刀具中心轨迹与加工零件轮廓并不重合，所以编程时就必须根据刀具半径和零件轮廓计算刀具中心轨迹，然后根据刀具中心轨迹进行编程，但是人工完成上述计算会使得手工编程复杂化，为了解决加工与编程之间存在的矛盾，数控系统提供了刀具半径补偿功能。

    数控系统的刀具半径补偿功能是由数控系统计算刀具中心轨迹的过程，编程人员假设刀具半径为零，直接根据零件的轮廓形状进行编程，而实际的刀具半径则存放在一个刀具半径偏置寄存器中。在实际加工过程中，数控系统根据零件程序和编号对应的刀具半径偏置寄存器中存放的刀具半径，对刀具中心轨迹进行补偿计算，完成对零件的加工。

    铣削加工刀具的半径补偿分为刀具半径左补偿（G41）和刀具半径右补偿（G42）。根据 ISO 标准，当刀具中心轨迹沿前进方向位于零件轮廓左边时称为刀具半径左补偿，反之称为刀具半径右补偿。编程时，使用 D 代码（D01 ~ D32）选择正确的刀具半径偏置寄存器号，补偿值的大小通过 SET 操作面板在对应的偏置寄存器号中设定。

五、注意事项

1. G41、G42、G40 只能和 G00 或者 G01 一起使用，并且刀具必须是移动的，不能和 G02、G03 一起使用。

2. 建立刀具半径补偿最好是选择在刀具铣削下刀后，再利用 X、Y 轴的移动建立半径补偿。

3. 在刀具半径补偿状态下，铣刀的直线移动量及铣削内侧圆弧的半径值要大于或等于刀具半径，否则进行补偿会产生干涉，程序运行时会产生报警。

4. 当不需要进行刀具半径补偿时，须用 G40 取消刀具半径补偿。执行 G4O 指令时，系统会将补偿向相反的方面释放，这时候刀具会移动刀具的半径值，因此使用 G40 指令时必须保证刀具远离工件。

项目实施

一、加工分析

该零件材料为铝，工件外形（55 mm × 35 mm × 30 mm）已经到尺寸，只需要加工凸台，工件的加工表面加工任务图已经提出相应的精度和表面粗糙度要求。在轮廓加工编程中刀具切入/切出方式的选择将直接影响到产品的加工质量和加工效率。在加工直线类的工件时可以采用法向切入/切出方式，在加工圆弧或曲线类工件时可以采用切向切入/切出方式。

二、确定加工方案

1. 工件装夹准备

该工件需采用机用虎钳装夹，工件底部用平行垫铁垫起，使用百分表将工件的平面度找正，工件垫起的高度必须要超出工件的最大切削深度。

2. 确定工艺方案及加工路线

（1）选择编程零点。由图样的图形结构，确定 55 mm × 35 mm（长 × 宽）的对称中心及上表面（O 点）为编程原点。

（2）选择加工路线。在实际加工中顺铣切削力由小逐渐增大，切削时振动小，主要用于保证轮廓精度和表面质量，用 G41 指令铣削对工件将产生顺铣效果，在本加工实例中选择使用刀具半径左补偿（G41）。

1）ϕ10 mm 三刃立铣刀粗加工。

2）ϕ10 mm 三刃立铣刀精加工。

三、编写加工程序

本项目采用手动换刀的加工方法进行编程与加工（编程原点为工件中心位置）按 FANUC Series 0i Mate-MD 系统编程。参考程序见表 2—4—2。

表 2—4—2   参考程序

程序号：O7001

程序段号	程序内容	说明
N10	G15 G17 G21 G40 G49 G80；	选择 X、Y 平面，毫米输入
N20	G91 G28 Z0；	回机床 Z 轴零点
N30	G90 G54 G0 X0 Y0；	NC 快速定位工件 X、Y 原点
N40	S800 M03；	选择工件坐标系，主轴正转，转速为 800 r/min
N50	G00 G43 Z100. H01；	建立刀具长度补偿
N60	M08；	切削液开
N70	G00 X-36. Y28. ；	快速定位至左边凸台下刀点
N80	Z-9.9；	Z 轴快速下刀至 -9.9 mm 深
N90	G01 G41 X-22. F100 D01 （D = 4.85）；	建立刀具半径补偿
N100	Y8. ；	直线插补铣削
N110	G02 X-19. Y11. R3. F100；	顺时针铣削圆弧 R3
N120	G01 X-9. F100；	直线插补铣削
N130	G02 X-6. Y8. R3. F100；	顺时针铣削圆弧 R3
N140	G01 Y-8. F100；	直线插补铣削
N150	G02 X-9. Y-11. R3. F100；	顺时针铣削圆弧 R3
N160	G01 X-19. F100；	直线插补铣削
N170	G02 X-22. Y-8. R3. F100；	顺时针铣削圆弧 R3
N180	G00 Z20. ；	Z 轴抬刀
N190	X28. Y-11. ；	快速定位至右边凸台下刀点
N200	Z-9.9；	Z 轴快速下刀至 -9.9 mm 深
N210	G01 X9. F200；	直线插补铣削
N220	G02 X6. Y-8. R3. F100；	顺时针铣削圆弧 R3
N230	G01 Y8. F200；	直线插补铣削
N240	G02 X9. Y11. R3. F100；	顺时针铣削圆弧 R3
N250	G01 X19. F200；	直线插补铣削
N260	G02 X22. Y8. R3. F100；	顺时针铣削圆弧 R3
N270	G01 Y-8. F200；	直线插补铣削
N280	G02 X-19. Y-11. R3. F100；	顺时针铣削圆弧 R3
N290	G01 G40 Y-20. F100；	取消刀具半径补偿
N300	G00 Z200. ；	抬刀
N310	G00 G49 Z0	取消长度补偿
N320	M09；	切削液关
N330	M30；	程序结束

续表

手动更换第二把刀具，换 ϕ10 mm 立铣刀		
程序号：O7002		
程序段号	程序内容	说明
N10	G15 G17 G21 G40 G49 G80；	选择 X、Y 平面，毫米输入
N20	G91 G28 Z0；	回机床 Z 轴零点
N30	G90 G54 G00 X0 Y0；	NC 快速定位工件 X、Y 原点
N40	S2000 M03；	选择工件坐标系，主轴正转，转速为 2 000 r/min
N50	G00 G43 Z100. H02；	建立刀具长度补偿
N60	M08；	切削液开
N70	G00 X-36. Y28.；	快速定位至左边凸台下刀点
N80	Z-10.025；	Z 轴快速下刀至 -10.025 mm 深
N90	G01 G41 X-22. F60 D01（D = 4.85）；	建立刀具半径补偿
N100	Y8.；	直线插补铣削
N110	G02 X-19. Y11. R3. F600；	顺时针铣削圆弧 $R3$
N120	G01 X-9. F600；	直线插补铣削
N130	G02 X-6. Y8. R3. F600；	顺时针铣削圆弧 $R3$
N140	G01 Y-8. F600；	直线插补铣削
N150	G02 X-9. Y-11. R3. F600；	顺时针铣削圆弧 $R3$
N160	G01 X-19. F600；	直线插补铣削
N170	G02 X-22. Y-8. R3. F600；	顺时针铣削圆弧 $R3$
N180	G00 Z20.；	Z 轴抬刀
N190	X28. Y-11.；	快速定位至右边凸台下刀点
N200	Z-10.025；	Z 轴快速下刀至 -10.025 mm 深
N210	G01 X9. F600；	直线插补铣削
N220	G02 X6. Y-8. R3. F600；	顺时针铣削圆弧 $R3$
N230	G01 Y8. F600；	直线插补铣削
N240	G02 X9. Y11. R3. F600；	顺时针铣削圆弧 $R3$
N250	G01 X19. F600；	直线插补铣削
N260	G02 X22. Y8. R3. F600；	顺时针铣削圆弧 $R3$
N270	G01 Y-8. F600；	直线插补铣削
N280	G02 X-19. Y-11. R3. F600；	顺时针铣削圆弧 $R3$
N290	G01 G40 Y-20. F600；	取消刀具半径补偿
N300	G00 Z200.；	抬刀
N310	G00 G49 Z0；	取消长度补偿
N320	M09；	切削液关
N330	M30；	程序结束

四、加工工件

1. 打开机床电源开关
2. 机床回参考点
3. 工件装夹

选用平口虎钳正确装夹工件，使用百分表找正工件。

4. 对刀

（1）x 轴采用分中法对刀。

（2）y 轴采用分中法对刀。

（3）z 轴采用对刀仪对刀。

（4）将 x、y、z 数值输入到机床的自动坐标系 G54 中。

5. 程序输入

将已经编好的程序输入到机床中（详见程序输入）。

6. 程序校验

（1）打开要加工的程序。

（2）按下机床控制面板上的"自动"键，进入程序运行方式。

（3）在程序运行菜单下，按"程序校验"按键，按"循环启动"按键，校验开始。

如果程序正确，显示窗口会显示出正确的轮廓轨迹及走刀线路，校验完成后，光标将返回到程序头。

7. 自动加工

（1）选择并打开零件加工程序，设定刀补值。

（2）按下机床控制面板上的"自动"按键（指示灯亮），进入程序运行方式。

（3）按下机床控制面板上的"循环启动"按键（指示灯亮），机床开始自动运行当前的加工程序。

操作提示： 操作过程中，每一次换刀都要进行一次对刀和设定工件坐标系。通常情况下，XY 平面内的工件坐标系不变，只需对刀设定 Z 轴方向的坐标系即可。

项目评价

学生任务完成情况检测评分见表 2—4—3。

表 2—4—3　　　　　　　　　学生任务完成情况检测评分表　　　　　　　　　mm

班级：_____　　姓名：_____　　学号：_____　　成绩：_____

项目与配分	序号	技术要求	配分	评分标准	检测记录	得分
工件加工评分 （60%）	1	16 mm	2×7	超差 0.01 mm 扣 1 分		
	2	22 mm	2×7	超差 0.01 mm 扣 1 分		
	3	10 mm	10	超差 0.01 mm 扣 1 分		
	4	表面粗糙度	10	每错一处扣 1 分		
	5	圆弧连接光滑	6	每错一处扣 1 分		
	6	一般尺寸	6	每错一处扣 1 分		
程序与加工工艺 （20%）	7	程序正确、规范	5	不规范扣 2 分/处		
	8	工件、刀具装夹正确	10	不规范扣 2 分/处		
	9	加工工艺合理	5	不合理扣 2 分/处		
机床操作 （10%）	10	对刀操作正确	5	不规范扣 2 分/处		
	11	机床操作不出错	5	不规范扣 2 分/处		

项目与配分	序号	技术要求	配分	评分标准	检测记录	得分
安全文明生产 （10%）	12	安全操作	5	出错全扣		
	13	机床维护与保养	5	不合格全扣		

学生任务实施过程的小结及反馈：

教师点评：

项目五　型腔加工

项目目标

1. 掌握三爪自定心卡盘及工件的装夹找正。

2. 熟练掌握型腔加工的编程。

项目描述

在各种机械产品中，型腔加工是数控加工中常见的一种内轮廓加工，比如塑料模具中的上、下模板，型腔的表面质量直接影响着注塑产品脱模的难易程度及表面质量。

项目分析

如图 2—5—1 所示，需要将 $\phi55$ mm $\times 30$ mm 的零件加工成一个由多个型腔组成的零件，零件材料为铝。

项目知识与技能

一、刀具的选择

根据本次加工实例的加工内容，铣削型腔常用的刀具为立铣刀，该零件材料为铝，可以采用超硬高速钢键槽铣及直柄四刃超硬高速钢立铣刀，

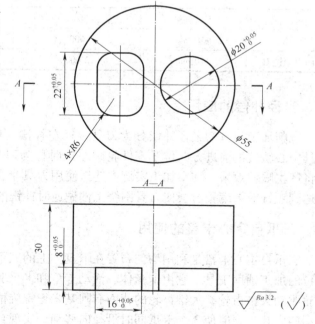

图 2—5—1　型腔加工任务图

这种材料的刀具本身韧性、抗边缘磨损性强，可用于粗铣或精铣大部分材料，包括钢、不锈

钢、尼龙等。

二、切削用量

切削用量是加工过程中重要的组成部分，它是表示切削运动参数的量，其中包括主轴转速、切削深度与宽度、进给量、被吃刀量等。切削用量的选择原则是：保证零件加工精度和表面粗糙度，充分发挥刀具切削性能，保证合理的刀具耐用度，并充分发挥机床的性能，最大限度地提高生产效率、降低成本。

切削用量的计算方法如下。

进给量：
$$f = nZt$$

式中　　n——主轴转速；

　　　　Z——铣刀齿数；

　　　　t——每齿进给量，mm/min 或者 mm/z。

背吃刀量：a_p 一般为 0.2 ~ 0.5 mm。

主轴转速：$n = 1\,000\,v/\,(\pi D)$

式中　　v——切削速度，mm/min；

　　　　D——刀具直径，mm。

本任务选用超硬高速钢键槽铣刀及直柄四刃超硬高速钢立铣刀，加工时分为粗加工和精加工，需要注意的是刀具长度满足本任务的需要就可以，刀具探出越短相对切削就越稳定，刀具及切削用量的选用见表 2—5—1。

表 2—5—1　　　　　　　　　　　　刀具及切削用量

刀具名称	刀具规格	主轴转速/（r/min）	进给量/（mm/min）	Z 向下刀量/mm
键槽铣刀	$\phi10$ mm	600	100	7.8
四刃立铣刀	$\phi10$ mm	2 000	600	0.25

三、半径补偿的应用

铣削加工刀具的半径补偿分为刀具半径左补偿（G41）和刀具半径右补偿（G42）。当刀具中心轨迹沿前进方向位于零件轮廓左边时称为刀具半径左补偿，用 G41 指令铣削对工件将产生顺铣效果，在本加工实例中选择使用刀具半径左补偿（G41），型腔实际加工中为了达到顺铣效果编程时会使刀具围绕工件做逆时针铣削，这也是与凸台加工的最大区别。

四、三爪自定心卡盘的使用

三爪自定心卡盘是利用均匀布置在卡盘体上的三个活动卡爪的径向移动，把工件夹紧和定位的加工辅助工具。它由卡盘体、活动卡爪和卡爪驱动机构组成，三爪自定心卡盘由小锥齿轮驱动大锥齿轮，大锥齿轮的背面有阿基米德螺旋槽，与 3 个卡爪相啮合。使用卡盘扳手转动四方孔，便能使 3 个卡爪同时沿径向移动，实现自动定心和夹紧，适用于装夹圆形、正三角形及正六边形等工件。三爪自定心卡盘的自动定心精度为 0.05 ~ 0.15 mm，用三爪自定心卡盘加工工件的精度受到卡盘制造精度和使用后的磨损情况的影响。

项目实施

一、加工分析

本项目介绍在数控铣床或加工中心上的型腔加工。该零件材料为铝，工件外形 $\phi 55$ mm $\times 30$ mm 已经加工到尺寸，只需要加工型腔，工件的加工表面加工任务图已经提出相应的精度和表面粗糙度要求。在型腔加工编程中刀具进刀方式有：Z 轴垂直向下进刀、倾斜进刀、螺旋进刀。为了延长刀具的使用寿命经常采用倾斜进刀及螺旋进刀方式。在本次实例加工中采用螺旋进刀方式铣削工件。

二、确定加工方案

1. 工件安装装夹准备

本项目加工首先通过百分表找正三爪自定心卡盘的平面度，利用压板将三爪自定心卡盘夹紧后，再用三爪自定心卡盘装夹工件，并且使用百分表找正工件的平面度，工件垫起的高度必须要超出工件的最大切削深度。

2. 确定工艺方案及加工路线

（1）选择编程零点。由图样的图形结构，确定 $\phi 55$ mm $\times 30$ mm 的对称中心及上表面（O 点）为编程原点。

（2）选择加工路线。在实际加工中顺铣切削力由小逐渐增大，切削时振动小，主要用于保证轮廓精度和表面质量，用 G41 指令铣削对工件将产生顺铣效果，在本加工实例中选择使用刀具半径左补偿（G41）。

1）使用 $\phi 10$ mm 键槽铣刀进行粗加工。

2）使用 $\phi 10$ mm 四刃立铣刀进行精加工。

三、编写加工程序

本任务采用手动换刀的加工方法进行编程与加工（编程原点为工件中心位置）按 FANUC Series 0i Mate- MD 系统编程。参考程序见表 2—5—2。

表 2—5—2　　　　　　　　　　　　参考程序

	程序号：O8001	
程序段号	程序内容	说明
N10	G15 G17 G21 G40 G49 G80；	选择 X、Y 平面，毫米输入
N20	G91 G28 Z0；	回机床 Z 轴零点
N30	G90 G54 G00 X0 Y0；	NC 快速定位工件 X、Y 原点
N40	S600 M03；	选择工件坐标系，主轴正转，转速为 600 r/min
N50	G0 G43 Z100. H01；	建立刀具长度补偿
N60	M08；	切削液开
N70	G00 Z10. ；	快速下刀至安全平面
N80	G01 G41 X-12. Y0 F100 D01（D=4.85）；	建立刀具半径补偿，直线插补至左边凹槽下刀点
N90	G01 Z0 F100；	Z 轴进刀至工件表面
N100	G02 I-5. Z-2. F100；	Z 轴螺旋下刀至 -2 mm 深

程序号：O8001

程序段号	程序内容	说明
N110	G02 I-5. Z-4. F100;	Z 轴螺旋下刀至 -4 mm 深
N120	G02 I-5. Z-6. F100;	Z 轴螺旋下刀至 -6 mm 深
N130	G02 I-5. Z-7.8 F100;	Z 轴螺旋下刀至 -7.8 mm 深
N140	G01 X-4. F100;	直线插补切削
N150	Y5. ;	直线插补切削
N160	G03 X-10. Y11. R6. F100;	逆时针铣削圆弧 R6
N170	G01 X-14. F100;	直线插补切削
N180	G03 X-20. Y5. R6. F100;	逆时针铣削圆弧 R6
N190	G01 Y-5. F100;	直线插补切削
N200	G03 X-14. Y-11. R6. F100;	逆时针铣削圆弧 R6
N210	G01 X-10. F100;	直线插补切削
N220	G03 X-4. Y-5. R6. F100;	逆时针铣削圆弧 R6
N230	G01 Y0 F100;	直线插补切削
N240	G00 Z10. ;	Z 轴抬刀
N250	X12. ;	移动至右边凹槽下刀点
N260	G01 Z0 F100;	Z 轴进刀至工件表面
N270	G02 I-5. Z-2. F100;	Z 轴螺旋下刀至 -2 mm 深
N280	G02 I-5. Z-4. F100;	Z 轴螺旋下刀至 -4 mm 深
N290	G02 I-5. Z-6. F100;	Z 轴螺旋下刀至 -6 mm 深
N300	G02 I-5. Z-7.8. F100;	Z 轴螺旋下刀至 -7.8 mm 深
N310	G01 X11. F100;	直线插补切削
N320	G03 I10. F100;	逆时针铣削 φ20 mm 盲孔
N330	G00 Z20. ;	快速抬刀
N340	G01 G40 Y0 F200;	取消刀具半径补偿
N350	G00 Z200. ;	抬刀
N360	G00 G49 Z0;	取消长度补偿
N370	M09;	切削液关
N380	M30;	程序结束

手动更换第二把刀具，换 φ10 mm 立铣刀

程序号：O8002

程序段号	程序内容	说明
N10	G15 G17 G21 G40 G49 G80;	选择 XY 平面，毫米输入
N20	G91 G28 Z0;	回机床 Z 轴零点
N30	G90 G54 G00 X0 Y0;	NC 快速定位工件 X、Y 原点
N40	S2000 M03;	选择工件坐标系，主轴正转，转速为 2 000 r/min
N50	G00 G43 Z100. H02;	建立刀具长度补偿
N60	M08;	切削液开
N70	G00 Z10. ;	快速下刀至安全平面
N80	G01 G41 X-12. Y0 F600 D02 （D = 5.015）;	建立刀具半径补偿，直线插补至左边凹槽下刀点
N90	G01 Z0 F600;	Z 轴进刀至工件表面

程序段号	程序内容	说明
N100	G02 I-5. Z-8.05 F600;	Z轴螺旋下刀至 -8.05 mm 深
N110	G01 X-4. F600;	直线插补切削
N120	Y5.;	直线插补切削
N130	G03 X-10. Y11. R6. F600;	逆时针铣削圆弧 R6
N140	G01 X-14. F600;	直线插补切削
N150	G03 X-20. Y5. R6. F600;	逆时针铣削圆弧 R6
N160	G01 Y-5. F600;	直线插补切削
N170	G03 X-14. Y-11. R6. F600;	逆时针铣削圆弧 R6
N180	G01 X-10. F600;	直线插补切削
N190	G03 X-4. Y-5. R6. F600;	逆时针铣削圆弧 R6
N200	G01 Y0 F600;	直线插补切削
N210	G00 Z10.;	Z轴抬刀
N220	X12.;	移动至右边凹槽下刀点
N230	G01 Z0 F600;	Z轴进刀至工件表面
N240	G02 I5 Z-10.05 F600;	Z轴螺旋下刀至 -10.05 mm 深
N250	G01 X11. F600;	直线插补切削
N260	G03 I10. F600;	逆时针铣削 ϕ20 mm 盲孔
N270	G00 Z20.;	快速抬刀
N280	G01 G40 Y0 F600;	取消刀具半径补偿
N290	G00 Z200.;	抬刀
N300	G00 G49 Z0;	取消长度补偿
N310	M09;	切削液关
N320	M30;	程序结束

四、加工工件

1. 打开机床电源开关

2. 机床回参考点

3. 工件装夹

选用三爪自定心卡盘正确装夹工件，使用百分表找正工件。

4. 对刀

（1）x 轴采用分中法对刀。

（2）y 轴采用分中法对刀。

（3）z 轴采用对刀仪对刀。

（4）将 x、y、z 数值输入到机床的自动坐标系 G54 中。

（5）程序输入。将已经编好的程序输入到机床中（详见程序输入）。

（6）程序校验

1）打开要加工的程序。

2）按下机床控制面板上的"自动"键，进入程序运行方式。

3）在程序运行菜单下，按"程序校验"按键，按"循环启动"按键，校验开始。

如果程序正确，显示窗口会显示出正确的轮廓轨迹及走刀线路，校验完成后，光标将返回到程序头。

（7）自动加工

1）选择并打开零件加工程序，设定刀补值。

2）按下机床控制面板上的"自动"按键（指示灯亮），进入程序运行方式。

3）按下机床控制面板上的"循环启动"按键（指示灯亮），机床开始自动运行当前的加工程序。

操作提示：操作过程中，每一次换刀都要进行一次对刀和设定工件坐标系。通常情况下，XY 平面内的工件坐标系不变，只需对刀设定 Z 轴方向的坐标系即可。

项目评价

学生任务完成情况检测评分见表2—5—3。

表2—5—3　　　　　　　学生任务完成情况检测评分表

班级：_____　姓名：_____　学号：_____　成绩：_____

项目与配分	序号	技术要求	配分	评分标准	检测记录	得分
工件加工评分（60%）	1	22 mm	10	超差0.01 mm扣1分		
	2	16 mm	10	超差0.01 mm扣1分		
	3	φ20 mm	10	超差0.01 mm扣1分		
	4	8 mm	2×8	超差0.01 mm扣1分		
	5	表面粗糙度	5	每错一处扣1分		
	6	圆弧连接光滑	5	每错一处扣1分		
	7	一般尺寸	4	每错一处扣1分		
程序与加工工艺（20%）	8	程序正确、规范	5	不规范扣2分/处		
	9	工件、刀具装夹	10	不规范扣2分/处		
	10	加工工艺合理	5	不合理扣2分/处		
机床操作（10%）	11	对刀操作正确	5	不规范扣2分/处		
	12	机床操作不出错	5	不规范扣2分/处		
安全文明生产（10%）	13	安全操作	5	出错全扣		
	14	机床维护与保养	5	不合格全扣		

学生任务实施过程的小结及反馈：

教师点评：

项目六　孔加工

项目目标

1. 熟悉孔加工指令，并能熟练操作。

2. 掌握基本的操作方法及技巧。

项目描述

数控铣床具有孔加工的功能，通过特定的功能指令可进行一系列孔的加工，如钻孔、扩孔、铰孔、镗孔和攻螺纹等。该项目主要是数控加工孔，与普通机床相比，数控加工孔具有便捷性和准确性，大大减少了普通机床加工的时间。该项目通过孔加工具体案例，说明孔加工的方法和规范操作及注意事项等。

项目分析

孔加工是数控加工的基本内容，也是生产活动中常见的加工项目，对于有些零部件来说，孔的加工质量直接影响着机械产品的最终使用效果，在生产中具有重要意义，例如，工艺孔等。因此，掌握孔加工的方法和熟练操作，对于掌握数控加工是一项重要技能。

项目知识与技能

一、孔加工刀具的选择

1. 钻孔刀具

钻孔刀具的种类较多，有普通麻花钻、可转位浅孔钻及扁钻等，应根据工件材料、加工尺寸及加工质量要求等合理选用。在数控铣床上钻孔，大多采用普通麻花钻。麻花钻使用的材料有高速钢和硬质合金两种。

麻花钻是应用最广泛的孔加工刀具。通常直径范围为 0.25～80 mm。它主要由工作部分和柄部构成。麻花钻的螺旋角主要影响切削刃上前角的大小、刃瓣强度和排屑性能，通常为 25°～32°。标准麻花钻的切削部分顶角为 118°，横刃斜角为 40°～60°，后角为 8°～20°。由于结构上的原因，前角由外缘处大向中间逐渐减小，横刃处为负前角（可达 -55°左右），钻削时起挤压作用。如图 2—6—1 所示为麻花钻的结构组成及主要切削刃。

麻花钻的柄部形式有直柄和锥柄两种，加工时夹在钻夹头中或专用刀柄中。一般麻花钻用高速钢制造。焊硬质合金刀片或齿冠的麻花钻适于加工铸铁、淬硬钢和非金属材料等，整体硬质合金小麻花钻适用于加工仪表零件和印制线路板等。

2. 扩孔刀具

标准扩钻孔一般有 3～4 条主切削刃，切削部分的材料为高速钢或硬质合金，结构形式有直柄式、锥柄式和套式等。

扩孔直径较小时，可选用直柄式扩孔钻；扩孔直径中等时，可选用锥柄式扩孔钻；扩孔直径较大时，可选用套式扩孔钻。

扩孔钻的加工余量较小，主切削刃较短，因而容屑槽浅，刀体的强度和刚度较好。它没有麻花钻的横刃，而且刀齿多，所以导向性好，切削平稳，加工质量和生产效率都比麻花钻高。

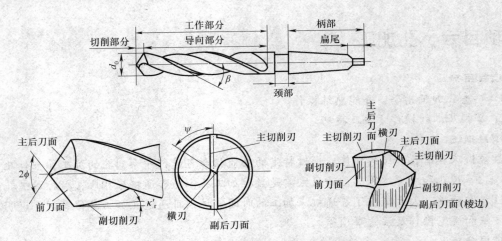

图 2—6—1　麻花钻的结构组成及主要切削刃

当扩孔直径为 20 ~ 60 mm，且机床刚性好、功率大时，可选用可转位扩孔钻。这种扩孔钻的两个可转位刀片的外刃位于同一个外圆直径上，而且刀片径向可作微量（±0.1 mm）调整，以控制扩孔直径。

3. 镗孔刀具

镗孔所用刀具为镗刀。镗刀种类很多，按切削刃数量可分为单刃镗刀和双刃镗刀。单刃镗刀刚性差，切削时易引起振动，所以镗刀的主偏角选得较大，以减轻径向力。

镗孔孔径的大小要靠调整刀具的悬伸长度来保证，调整麻烦，效率低，只能用于单件小批量生产。但单刃镗刀结构简单，适应性较广，粗、精加工都适用。

在孔的精镗中，目前较多地选用精镗微调镗刀。这种镗刀的径向尺寸可以在一定范围内进行微调，调节方便，且精度高。调整尺寸时，先松开拉紧螺钉，然后转动带刻度盘的调整螺母，等调至所需尺寸时再拧紧拉紧螺钉，使用时应保证锥面靠近大端接触，且与直孔部分同心。键与键槽配合间隙不能太大，否则微调时就不能达到较高的精度。

镗削大直径的孔可选双刃镗刀。这种镗刀的头部可以在较大范围内进行调整，且调整方便，最大镗孔直径可达 1 000 mm。

双刃镗刀的两端有一对对称的切削刃同时参加切削，与单刃镗刀相比，每转进给量可提高一倍左右，生产效率高。同时，可以消除切削力对镗杆的影响。

4. 铰孔刀具

数控铣床上使用的铰刀多是通用标准铰刀。此外，还有机夹硬质合金刀片单刃铰刀和浮动铰刀等。

通用标准铰刀有直柄、锥柄和套式三种。锥柄铰刀直径为 10 ~ 32 mm，直柄铰刀直径为 6 ~ 20 mm，小孔直柄铰刀直径为 1 ~ 6 mm，套式铰刀直径为 25 ~ 80 mm。

标准铰刀有 4 ~ 12 齿。铰刀的齿数除与铰刀直径有关外，主要根据加工精度的要求选择。齿数过多，刀具的制造重磨都比较麻烦，而且会因齿间容屑槽减小而造成切屑堵塞和划伤孔壁，以致铰刀折断；齿数过少，则铰削时的稳定性差，刀齿的切削负荷增大，而且容易产生几何形状误差。

二、切削用量

刀具及切削用量见表 2—6—1。

表 2—6—1 刀具及切削用量（刀具材料为高速钢）

刀具名称	刀具规格	切削速度/（r/min）	进给量/（mm/min）	背吃刀量/mm
中心钻	B2.5 mm	2 000	100	1.25
标准麻花钻	$\phi9$ mm	1 000	150	4.5

三、数控铣床程序编制方法

铣削加工工艺路线的拟定是制定工艺规程的重要内容之一，其主要内容包括选择各加工表面的加工方法、划分加工阶段、划分工序以及安排工序的先后顺序等。设计者应根据从生产实践中总结出来的一些综合性工艺原则，结合实际的生产条件，提出几种方案，通过对比分析，从中选择最佳方案。

1. 加工方法的选择

对于数控铣床，应重点考虑几个方面：能保证零件的加工精度和表面粗糙度的要求；使走刀路线最短，既可简化程序段，又可减少刀具空行程时间，提高加工效率；应使数值计算简单，程序段数量少，以减少编程工作量。

在数控铣床上加工内孔表面时，加工方法主要有钻孔、扩孔、铰孔、镗孔和攻螺纹等，应根据被加工孔的加工要求、尺寸、具体生产条件、批量的大小及毛坯上有无预制孔等情况合理选用。

（1）加工精度为 IT9 级的孔。当孔径小于 10 mm 时，可采用钻—铰方案；当孔径小于 30 mm 时，可采用钻—扩方案；当孔径大于 30 mm 时，可采用钻—镗方案。上述方案适用于淬火钢以外的各种金属。

（2）加工精度为 IT8 级的孔。当孔径小于 20 mm 时，可采用钻—铰方案；当孔径大于 20 mm 时，可采用钻—扩—铰方案，此方案适用于加工淬火钢以外的各种金属，但孔径应为 20~80 mm 之间，此外，也可采用最终工序为精镗的方案。

（3）精加工精度为 IT7 级的孔。当孔径小于 12 mm 时，可采用钻—粗铰—精铰方案；当孔径为 12~60 mm 时，可采用钻—扩—粗铰—精铰方案；当毛坯上已铸出或锻出孔时，可采用粗镗—半精镗—精镗方案。最终工序为铰孔，适用于未淬火钢、铸铁和有色金属。

（4）精加工精度为 IT6 级的孔。最终工序可采用精细镗，工件材料为未淬火钢。

2. 加工阶段的划分

当零件的加工质量要求较高时，往往不能用一道工序来满足其要求，而要用几道工序逐步达到加工质量的要求。为保证加工质量和合理地使用设备、人力，零件的加工过程通常按工序性质不同，可分为粗加工、半精加工、精加工和光整加工四个阶段。

（1）粗加工阶段。其任务是切除毛坯上大部分多余的金属，使毛坯在形状和尺寸上接近零件成品，此阶段的主要目标是提高生产效率。

（2）半精加工阶段。其任务是使主要表面达到一定的精度，留有一定的精加工余量，为主要的精加工（如精车、精磨）做好准备，并可完成一些次要表面的加工，如扩孔、攻螺纹、铣键槽等。

（3）精加工阶段。其任务是保证各主要表面达到规定的尺寸精度和表面粗糙度要求。此阶段的主要目标是全面保证加工质量。

（4）光整加工阶段。对零件中精度和表面质量要求很高（IT6 级以上、表面粗糙度值为 $Ra0.2\ \mu m$ 以下）的表面，需要进行光整加工，其主要目标是提高尺寸精度，减小表面粗糙度值。一般不用来提高位置精度。

3. 加工特点

对于箱体类、支架类零件，其平面轮廓尺寸较大，一般先加工平面，再加工孔和其他尺寸，即先面后孔原则。这样安排加工顺序，一方面用加工过的平面定位，稳定可靠；另一方面在加工过的平面上加工孔，比较容易，并能提高孔的加工精度，特别是钻孔，孔的轴线不易偏斜。

四、固定循环功能

孔加工一般采用数控机床系统配备的固定循环功能进行编程。通过对这些固定循环指令的使用，在一个程序段内可以完成某个孔的全部动作（孔加工进给、退刀、孔底暂停等），如果孔的动作不变，则程序中的所有模态数据不变，从而大大减少编程的工作量。FANUC 0i 系统数控铣床的固定循环指令见表 2—6—2。

表 2—6—2　　　　　　　　固定循环指令

G 代码	加工动作	孔底动作	退刀动作	用途
G73	间歇进给	—	快速进给	高速深孔加工循环
G74	切削进给	暂停、主轴正转	切削进给	左旋攻螺纹循环
G76	切削进给	主轴准停、刀具位移	快速进给	精镗孔
G80	—	—	—	取消固定循环
G81	切削进给	—	快速进给	钻孔
G82	切削进给	暂停	快速进给	锪孔、镗阶梯孔
G83	间歇进给	—	快速进给	深孔加工循环
G84	切削进给	暂停、主轴反转	切削进给	右旋攻螺纹循环
G85	切削进给	—	切削进给	镗孔
G86	切削进给	主轴停	快速进给	镗孔
G87	切削进给	刀具位移、主轴正转	快速进给	背镗孔
G88	切削进给	暂停、主轴停	手动	镗孔
G89	切削进给	暂停	切削进给	镗孔

在数控加工中，某些加工动作已经典型化，例如，钻孔、镗孔的动作顺序是孔位平面定位、快速引进、工作进给、快速退回等，这一系列动作已经预先编好程序，存储在内存中，可用包含 G 代码的一个程序调用，从而简化了编程工作，这种包含了典型动作循环的 G 代码称为循环指令。

1. 固定循环的动作

孔加工固定循环通常由 6 个动作组成，如图 2—6—2 所示。

动作 1：X、Y 轴定位，使刀具快速定位到孔加工位置。

动作 2：快速移到 R 点，刀具自初始点快速进给到 R 点。

动作 3：孔加工，以切削进给的方式执行孔加工的动作。

动作 4：在孔底的动作，包括暂停、主轴准停、刀具移位等动作。

动作 5：返回 R 点，继续孔的加工而又可以安全移动刀具时选择 R 点。

动作 6：快速返回初始点，孔加工完成后一般应选择返回初始点。

（1）初始平面。初始平面是为安全下刀而规定的一个平面。初始平面到零件表面的距离可以任意设定在一个安全的高度上，即初始点所在平面。当使用同一把刀具加工若干孔时，只有孔之间存在障碍需要跳跃或全部孔加工完了时，才使用 G98 功能使刀具返回到初始平面上的初始点，否则使用 G99 返回 R 点。

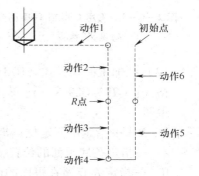

图 2—6—2 孔加工固定循环六个动作

（2）R 点平面。R 点平面是 R 点所在平面，又叫 R 点参考面，这个平面是刀具下刀时自快进转为工进的高度平面，距工件的距离要考虑工件表面尺寸的变化，一般可取 2 ~ 5 mm，使用 G99 时，刀具将返回到该参考面上。

（3）孔底平面。加工盲孔时，孔底平面就是孔底 Z 轴的高度，加工通孔时一般刀具还要伸出工件底平面一段距离，主要为了保证全部孔深都加工到尺寸，钻削加工还应考虑钻尖对孔深的影响。

孔加工循环与平面选择指令（G17、G18 或 G19）无关，即不管选择哪个平面，孔加工都是在 XY 平面上定位并在 Z 轴方向上钻孔。

固定循环的动作顺序指定应当考虑以下三个问题。

（1）坐标数据是使用绝对值还是增量值方式。

（2）返回点平面是选在初始点所在平面还是 R 点所在平面。

（3）考虑采用什么样的孔加工循环方式，如下面将要介绍的 G73 ~ G89 等循环加工指令。

2. 固定循环的代码

（1）数据形式。固定循环指令中 R 与 Z 的数据指定与 G90 或 G91 的方式有关，如图 2—6—3 所示为采用 G90 或 G91 时坐标的计算方法。选择 G90 方式时 R 与 Z 一律取其终点坐标值；选择 G91 方式时，R 是指自初始点到 R 点的距离，Z 是指自 R 点到孔底平面上 Z 点的距离。

（2）选择返回平面（G98、G99）。由 G98 或 G99 决定刀具在返回时到达的平面。

如指定了 G98 则自该程序段开始，刀具将返回到初始平面，如果指定了 G99 则返回到 R 点所在平面，如图 2—6—4 所示。通常加工一组相同的孔时加工第一个孔后用 G99 返回到 R 点所在平面，加工最后一个孔后用 G98 返回到初始平面。

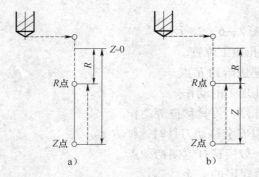

图 2—6—3 采用 G90 或 G91 时坐标的计算方法
a）G90 状态　b）G91 状态

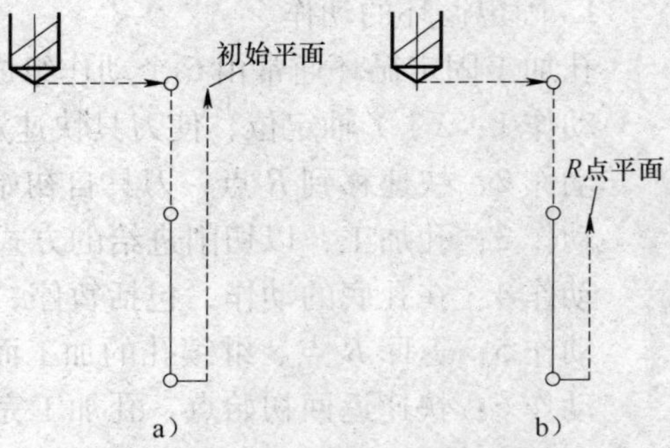

图 2—6—4 指定了 G98 或 G99 的形式
a）G98　b）G99

（3）孔加工循环方式（G73 ～ G89）。

格式：G73 ～ G89 X_ Y_ Z_ R_ Q_ P_ F_ K；

说明：

X、Y——指定平面定位点坐标值，可以用绝对值也可以用增量值；

Z——指定孔底平面的位置，可以用绝对值也可以用增量值；

R——指定 R 点所在平面的位置，可以用绝对值也可以用增量值；

Q——在 G73 或 G83 方式中用来指定每次加工深度，在 G76 或 G87 方式中规定位移量，Q 值一律取增量值，而与 G91 和 G90 的选择无关；

P——指定刀具在孔底的暂停时间，与在 G04 中指定 P 的时间单位一样，即以 ms 为单位，不使用小数点；

F——指定孔加工切削进给速度，这个指令为模态指令，即使取消了固定循环在其后的加工中仍然有效；

K——指定孔加工重复的次数，忽略这个参数时就认为是 K1，如果程序中选择了 G90 方式，刀具在原来孔的位置重复加工；如果选择 G91，则用一个程序段就能实现分布在一条直线上的若干个等距离孔的加工，K 只在被指定的程序段中有效。

取消孔加工方式用 G80 指令，而如果中间出现了任何 01 组的 G 代码，则孔加工方式也会自动取消，因此用 G01、G00、G02、G03 可以取消固定循环，其效果与 G80 一样。

3. 固定循环指令

（1）高速深孔往复排屑钻（G73）。

格式：G73 X_ Y_ Z_ R_ Q_ F；

功能：G73 指令用于深孔加工，孔加工动作如图 2—6—5a 所示，该固定循环用于 Z 轴方向的间歇进给，使深孔加工时可以较容易地实现断屑和排屑，减少退刀量，进行高效率的加工。Q 值为每次的背吃刀量（增量值且用正值表示），必须保证 Q 大于 d，退刀用快速，退刀量 "d" 由参数设定。

（2）深孔往复排屑钻（G83）。

格式：G83 X_ Y_ Z_ R_ Q_ F；

功能：G83 指令同样用于深孔加工，孔加工动作如图 2—6—5b 所示，与 G73 略有不同的是每次刀具间歇进给后退至 R 点平面，此处的 "d" 表示刀具间歇进给每次下降时由快进转为工进的那一点至前一次切削进给下降的点之间的距离，该距离由参数来设定。

（3）精镗孔（G76）。

格式：C76 X_ Y_ Z_ R_ Q_ P_ F_ ;

孔加工的动作如图 2—6—6 所示，图中 P 表示在孔底有暂停，OSS 表示主轴有准停，Q 表示刀具移动量。精镗时为了不使刀具在退刀过程中划伤孔的表面，可以使用精镗循环 G76 指令。机床执行 G76 指令时，刀具从初始点移至 R 点，并开始进行精镗切削，直至孔底主轴停止，向刀尖反方向移动（偏移一个 Q 值），然后快速退刀，刀具复位。Q 值总是为正值，若使用负值，负号将被忽略。偏移时刀头移动的方向预先由参数设定。

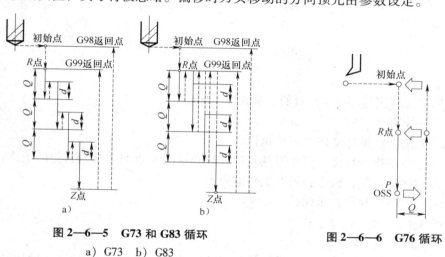

图 2—6—5　G73 和 G83 循环

a）G73　b）G83

图 2—6—6　G76 循环

（4）钻孔（G81）和锪孔（G82）。

格式：G81 X_ Y_ Z_ R_ F_ ;

　　　　G82 X_ Y_ Z_ R_ P_ F_ ;

说明：G81 指令的动作循环为 X、Y 坐标定位，快进，工进和快速返回等动作，如图 2—6—7 所示。G82 与 G81 动作相似，唯一不同之处是 G82 在孔底增加了暂停，因而适用于盲孔、锪孔或镗阶梯孔的加工，以提高孔底表面加工精度，而 G81 只适用于一般孔的加工。

（5）攻右旋螺纹（G84）与攻左旋螺纹（G74）

1）普通攻螺纹循环。

格式：G84 X_ Y_ Z_ R_ F_ ;

　　　　G74 X_ Y_ Z_ R_ F_ ;

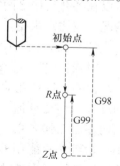

说明：G84 指令使主轴从 R 点至 Z 点时，刀具正向进给，主轴正转，到孔底时主轴反转，返回到 R 点平面后主轴恢复正转。

G74 指令使主轴攻螺纹时反转，到孔底正转，返回到 R 点时恢复反转。

2）刚性攻螺纹循环。设定刚性方式，指令 M29。此时，主轴停　**图 2—6—7　G81 循环**

止，刚性方式有效。可以指定右旋或左旋攻螺纹循环，攻螺纹循环在下一个程序段中指定。

M29 为刚性攻螺纹准备辅助功能。

指定 G80 可以清除刚性方式，其他固定循环 G 代码或 01 组 G 代码也可以清除刚性方式，刚性方式被关闭，主轴停止。刚性方式也能用复位操作清除（复位键）。但是要记住，固定循环不能用复位操作复位。

格式：

  ……

  M29；

  G74/G84 X_ Y_ Z_ R_ F_ ；

  X_ Y_ ；

  ……

  G80；

说明：

①F 值根据主轴转速与螺纹螺距计算，螺距 $T = f/n$。

②速度进给倍率开关无效。

③进给保持只能在该循环动作结束后执行。

④如果在程序段中指令暂停，则在刀具到达孔底和返回 R 点时先执行暂停的动作。

⑤使用刚性攻螺纹功能，机床必须有主轴编码器。

（6）精镗孔（G85）与精镗阶梯孔（G89）。

格式：G85 X_ Y_ Z_ R_ F_ ；

   G89 X_ Y_ Z_ R_ P_ F_ ；

说明：这两种孔的加工方式，刀具是以切削进给方式加工到孔底，然后又以切削进给方式返回到 R 点平面的，因此适用于精镗孔，G89 在孔底有暂停。

（7）镗孔（G86）。

格式：G86 X_ Y_ Z_ R_ F_ ；

说明：该指令是指刀具加工到孔底后，主轴停止，快速返回到 R 点平面或初始平面后，主轴再重新启动。采用这种加工方式时，如果连续加工的孔间距较小可能出现刀具已经定位到下一个孔的加工位置而主轴尚未达到规定的转速。显然加工中不允许出现这种现象，为此可以在各孔动作之间加入暂停指令 G04，以使主轴达到规定转速。G74 与 G84 指令也有类似情况，应注意避免。

（8）反镗孔（G87）；

格式：G87 X_ Y_ Z_ R_ Q_ F_ ；

说明：反镗孔动作如图 2—6—8 所示，X 轴和 Y 轴定位后，主轴定向停止，然后向刀尖的反方向移动 Q 值，并快速定位到孔底。接着刀具向刀尖方向移动 Q 值，主轴正转，沿 Z 轴向上加工到 Z 点，这时主轴又定向停止，再次向原刀尖反方向位移 Q 值，然后快速移动到初始点（只能用 G98）后刀尖返回一个原位移量，主轴正转，进行下一个程序段动作。采用这种循环方式时，只能让刀具返回到初始平面而不能返回到 R 点平面，因为 R 点平面低于 Z 平面，本指令参数设定与 G76 相同。

（9）镗孔循环（G88）。

格式：G88 X_ Y_ Z_ R_ P_ F_ ；

说明：刀具到达孔底时延时，主轴停止，进入进给保持状态，在此情况下可以执行手动操作。但为了安全起见应先把刀具从孔中退出，以便再启动加工，刀具快速返回到 R 点或初始点，主轴正转，如图 2—6—9 所示。

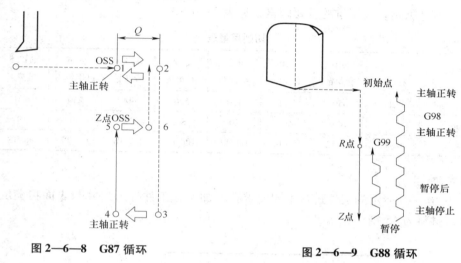

图 2—6—8　G87 循环　　　　图 2—6—9　G88 循环

（10）取消固定循环 G80。G80 用来取消固定循环，也可用 G00、G01、G02、G03 取消固定循环，其效果与 G80 一样。

1）指令区别。钻孔循环指令 G81 与排屑钻孔循环指令 G83。

①格式：G81 X_ Y_ Z_ R_ L_ F_ ；

　　　　G83 X_ Y_ Z_ R_ Q_ L_ F_ ；

②说明：G81 指令常用于钻中心孔或普通钻孔，G83 指令常用于深孔钻孔（深孔是指孔深与孔直径之比大于 5 而小于 10 的孔）。加工深孔时，加工中散热差，排屑困难，钻杆刚性差，容易使刀具损坏和引起孔的轴线偏斜，从而影响加工精度和生产效率。

2）应用固定循环时应注意的问题

①指定固定循环之前，必须用辅助功能 M03 使主轴正转，当使用了主轴停止转动指令 M05 之后，一定要重新使主轴旋转后，再指定固定循环。

②指定固定循环状态时，必须给出 X、Y、Z、R 中的每一个数据，固定循环才能执行。

3）操作时，若利用复位或急停按钮使数控装置停止，固定循环加工和加工数据仍然存在，所以再次加工时，应该使固定循环剩余动作进行到结束。

4）若程序中出现代码 G00、G01、G02、G03 时，循环方式及其加工数据也全部取消。

五、切削用量

影响切削用量的因素有机床与刀具。

1. 机床

切削用量的选择必须在机床主传动功率、进给传动功率以及主轴转速范围、进给速度范围之内。机床—刀具—工件系统的刚性是限制切削用量的重要因素。切削用量的选择应使机床—刀具—工件系统不发生较大的"振颤"。如果机床的热稳定性好、热变形小，则可适当加大切削用量。

2. 刀具

刀具材料是影响切削用量的重要因素，见表2—6—3。

表2—6—3　　　　　　　　　　切削用量表

刀具参数 /mm	φ3 中心钻	φ10 麻花钻	φ20 麻花钻	φ35 麻花钻	φ12 麻花钻	φ15.8 麻花钻	φ16 机用铰刀	φ37.5 粗镗刀	φ38 精镗刀
主轴转速/（r/min）	1 200	650	350	150	550	400	250	850	1 000
进给量/（mm/min）	120	100	40	20	80	50	30	80	40
刀具补偿	H1/T1	H2/T2	H3/T3	H4/T4	H5/T5	H6/T6	H7/T7	H8/T8	H9/T9

项目实施

对图2—6—10所示的工件进行不同要求孔的加工，工件外形尺寸与表面粗糙度已达到图样要求，材料为45钢。

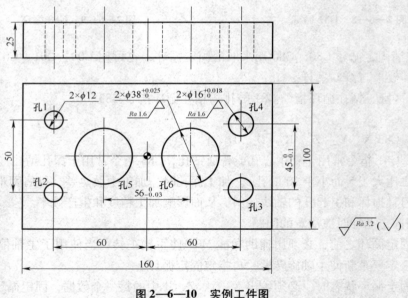

图2—6—10　实例工件图

一、加工分析及方案

1. 加工方案的确定

（1）工件选用机用平口钳装夹，校正平口钳固定钳口与工作台 X 轴方向平行，将160 mm×25 mm 侧面贴近固定钳口后压紧，并校正工件上表面的平行度。

（2）加工方法与刀具选择见表2—6—4。

表 2—6—4   孔加工方案

加工内容	加工方法	选用刀具/mm
孔1、孔2	点孔－钻孔－扩孔	$\phi3$ 中心钻，$\phi10$ 麻花钻，$\phi12$ 麻花钻
孔3、孔4	点孔－钻孔－扩孔－铰孔	$\phi3$ 中心钻，$\phi10$ 麻花钻，$\phi15.8$ 麻花钻，$\phi16$ 机用铰刀
孔5、孔6	钻孔－扩孔－粗镗－精镗加工	$\phi20$、$\phi35$ 麻花钻，$\phi37.5$ 粗镗刀，$\phi38$ 精镗刀

2. 确定切削用量（见表 2—6—3）

3. 确定工件坐标系和对刀

在 XOY 平面内确定以 O 点为工件原点，Z 方向以工件上表面为工件原点，建立工件坐标系，如图 2—6—10 所示。采用手动对刀方法把 O 点作为对刀点。

4. 编写程序（见表 2—6—5）

表 2—6—5   加工程序

程序号：O0003

程序段号	程序内容	说明
N10	G54 G90 G17 G21 G49 G40;	程序初始化
N20	M03 S1200;	主轴正转，转速为 1 200 r/min
N30	G00 G43 Z150. H1;	Z 轴快速定位，调用刀具1号长度补偿
N40	X0 Y0;	X、Y 轴快速定位
N50	G81 G99 X-60. Y25. Z-2. R2. F120;	点孔加工孔1，进给率为 120 mm/min
N60	Y-25.;	点孔加工孔2
N70	X60. Y-22.5;	点孔加工孔3
N80	Y22.5;	点孔加工孔4
N90	G49 G00 Z150.;	取消固定循环，取消1号长度补偿，Z 轴快速定位
N100	M05;	主轴停转
N110	M01;	程序暂停，进行手动换2号刀
N120	M03 S650;	主轴正转，转速为 650 r/min
N130	G43 G00 Z100. H2 M08;	Z 轴快速定位，调用2号长度补偿，切削液开
N140	G83 G99 X-60. Y25. Z-30. R2. Q6. F100;	钻孔加工孔1，进给率为 100 mm/min
N150	Y-25.;	钻孔加工孔2
N160	X60. Y-22.5;	钻孔加工孔3
N170	Y22.5;	钻孔加工孔4
N180	G49 G00 Z150. M09;	取消循环、2号长度补偿，Z 轴快速定位，切削液关
N190	M05;	主轴停转
N200	M01;	程序暂停，进行手动换3号刀
N210	M03 S350;	主轴正转，转速为 350 r/min
N220	G43 G00 Z100. H3 M08;	Z 轴快速定位，调用3号长度补偿，切削液开
N230	G83 G99 X-28. Y0 Z-35. R2. Q5. F40;	钻孔加工孔5，进给率为 40 mm/min
N240	X28.;	钻孔加工孔6
N250	G49 G00 Z150. M09;	取消循环、3号长度补偿，Z 轴快速定位，切削液关

程序段号	程序内容	说明
N260	M05；	主轴停转
N270	M01；	程序暂停，进行手动换 4 号刀
N280	M03 S150；	主轴正转，转速为 150 r/min
N290	G43 G00 Z100 H4 M08；	Z 轴快速定位，调用 4 号长度补偿，切削液开
N300	G83 G99 X-28. Y0 Z-42. R2. Q8. F20；	扩孔加工孔 5，进给率为 40 mm/min
N310	X28.	扩孔加工孔 6
N320	G49 G00 Z150. M09；	取消循环、4 号长度补偿，Z 轴快速定位，切削液关
N330	M05；	主轴停转
N340	M01；	程序暂停，进行手动换 5 号刀
N350	M03 S550；	
N360	G43 G00 Z100 H5 M08；	
N370	G83 G99 X-60. Y25 Z-31 R2. Q8. F80；	
N380	Y-25；	
N390	Y-25；	
N400	M05；	
N410	M01；	程序暂停，进行手动换 6 号刀
N420	M03 S400；	
N430	G43 G00 Z100. H6 M08；	
N440	G83 G99 X60. Y-22.5 Z-33. R2. Q8. F50；	
N450	Y22.5；	
N460	G49 G00 Z150. M09；	
N470	M05；	
N480	M01；	程序暂停，进行手动换 7 号刀
N490	M03 S250；	
N500	G43 G00 Z100. H7 M08；	
N510	X0 Y0；	
N520	G85 G99 X60. Y-22.5 Z-30. R2. F30；	
N530	Y22.5；	
N540	G49 G00 Z150 M09；	
N550	M05；	
N560	M01；	程序暂停，进行手动换 8 号刀
N570	M03 S850；	
N580	G43 G00 Z100. H8 M08；	
N590	XO Y0；	
N600	G85 G99 X-28. Y0 Z-26. R2. F80；	
N610	X28.；	
N620	G49 G00 Z150. M09；	
N630	M05；	
N640	M01；	程序暂停，进行手动换 9 号刀
N650	M03 S1 000；	
N660	G43 G00 Z100. H9 M08；	
N670	X0 Y0；	
N680	G85 G99 X-28. Y0 Z-26. R2. F40；	
N690	X28.；	
N700	G49 G00 Z150. M09；	
N710	M02；	

二、机床准备

操作过程中,每一次换刀都要进行一次对刀和设定工件坐标系。通常情况下,XY 平面内的工件坐标系不变,只需对刀设定 Z 轴方向的坐标系即可。

1. 绝对坐标和相对坐标指令:G90、G91

功能:设定编程时的坐标值为增量值或者绝对值。

说明:

(1) G90 绝对值编程,每个编程坐标轴上的编程值是相对于程序原点的。G90 为缺省值。

(2) G91 相对值编程,每个编程坐标轴上的编程值是相对于前一位置而言的,该值等于沿轴移动的距离。若某一坐标值缺省,则默认为 0,而不续用上一行坐标值。

(3) G90、G91 是一对模态指令,在同一程序段中只能用一种。

2. 建立工件坐标系:G92

格式:G92 X __ Y __ Z __;

说明:

(1) 程序中如使用 G92 指令,则该指令应位于程序的第一句。

(2) G92 建立的工件坐标系在机床重开机时消失。

(3) 通常将坐标原点设于主轴轴线上,以便于编程。

(4) 程序启动时,如果第一条程序是 G92 指令,执行后,刀具并不运动,只是当前点被置为 X、Y、Z 的设定值。

(5) G92 要求坐标值 X、Y、Z 必须齐全,不可缺省,并且不能使用 U、V、W 编程。如:G92 X30. Y30. Z20. ;含义为刀具并不产生任何动作,只是将刀具所在的位置设为 (X30,Y30,Z20),即相当于确定了坐标系,如图 2—6—11 所示。

3. 坐标系设定:G54 ~ G59

功能:用来设定坐标系。

说明:

(1) 加工前,将测得的工件编程原点坐标值预存入数控系统对应的 G54 ~ G59 中,编程时,指令行里写入 G54 ~ G59 即可。

(2) 比 G92 稍麻烦些,但不易出错。所谓零点偏置就是在编程过程中进行编程坐标系(工件坐标系)的平移变换,使编程坐标系的零点偏移到新的位置。

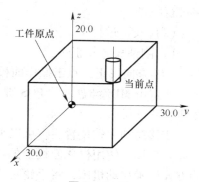

图 2—6—11

(3) G54 ~ G59 为模态功能,可相互注销,G54 为缺省值。

(4) G54 ~ G59 建立工件坐标系在机床重新开机后并不消失,并与刀具的起始位置无关。

(5) 使用 G54 ~ G59 时,不用 G92 设定坐标系。G54 ~ G59 和 G92 不能混用。如图 2—2—12 所示,可建立 G54 ~ G59 共 6 个加工坐标系。其中:G54——加工坐标系 1,G55——

加工坐标系 2，G56——加工坐标系 3，G57——加工坐标系 4，G58——加工坐标系 5，G59——加工坐标系 6。

1）G54 的确定。首先回参考点，移动刀具至某一点 A，将此时屏幕上显示的机床坐标值输入到数控系统 G54 的参数表中，编程序时如 G54 G00 G90 X40. Y30.，则刀具在以 A 点为原点的坐标系内移至（40，30）点。这就是操作时 G54 与编程时 G54 的关系（或者用寻边器找 G54 点）。

X 绝对 = X 机械 – $XG54$

Y 绝对 = Y 机械 – $YG54$

Z 绝对 = Z 机械 – $ZG54$

2）确定 G54 的目的。建立工件坐标系与机床坐标系（参考坐标系）的位置关系。

画图或编程时建立了工件坐标系，确定了零件上各点与工件（编程）原点的关系；加工时要确定工件原点与参考点之间的关系，即 G54。这样就建立起了零件上各点在机床坐标系下的坐标。

三、夹具的选择

数控铣床可以加工形状复杂的零件，但数控铣床上的工件装夹方法与普通铣床一样，所使用的夹具并不复杂，只要求有简单的定位、夹紧机构。但要将加工部位敞开，不能因装夹工件而影响进给和切削加工。选择夹具时，应注意减少装夹次数，尽量做到一次安装中能把零件上所有待加工的表面都加工出来。

四、零件安装：工件的找正

1. 方形工件的找正

（1）找正工具。在对方形工件进行找正时，一般采用基准工具（刚性靠棒）或寻边器来进行找正。

（2）找正过程

1）刚性靠棒找正

①X 方向找正：点击操作面板中的"手动"按钮，手动状态灯亮，进入"手动"方式。

②点击 MDI 键盘上的 POS 键，使 CRT 界面上显示坐标值；适当点击 X、Y、Z 正负方向按钮，移动机床。

③移动到大致位置后，可以采用手轮调节方式移动机床，使用塞尺，基准工具和零件之间插入塞尺。使用操作面板上的"手动脉冲"按钮，使手动脉冲指示灯变亮，采用手动脉冲方式精确移动机床，将手轮对应轴旋钮置于 X 挡，调节手轮进给速度旋钮，用手轮精确移动靠棒，得到塞尺检查合适。

④记下塞尺检查结果合适时 CRT 界面中的 X 坐标值，此为基准工具中心的 X 坐标，记为 X_1；将定义毛坯数据时设定的零件的长度记为 X_2；将塞尺厚度记为 X_3；将基准工件直径记为 X_4（可在选择基准工具时读出）。则工件上表面中心的 X 坐标 = 基准工具中心的 X 坐标 – 零件长度的一半 – 塞尺厚度 – 基准工具半径，记为 X。即：$X = X_1 - X_2/2 - X_3 - X_4/2$。

⑤Y方向对刀采用同样的方法。得到工件中心的Y坐标，记为Y。

⑥把X和Y数值分别输入到偏置键的坐标系中。

2）寻边器找正。寻边器由固定端和测量端两部分组成。固定端由刀具夹头夹持在机床主轴上，中心线与主轴轴线重合。在测量时，主轴以400 r/min的速度旋转。通过手动方式，使寻边器向工件基准面移动靠近，让测量端接触基准面。在测量端未接触工件时，固定端与测量端的中心线不重合，两者呈偏心状态。当测量端与工件接触后，偏心距减小，这时使用点动方式或手轮方式微调进给，寻边器继续向工件移动，偏心距逐渐减小。当测量端和固定端的中心线重合的瞬间，测量端会明显的偏出，出现明显的偏心状态。这时主轴中心位置距离工件基准面的距离等于测量端的半径。

①X轴方向：点击操作面板中的"手动"按钮，手动状态灯亮，进入"手动"方式。

②点击MDI键盘上的POS键，使CRT界面上显示坐标值；适当点击X、Y、Z正负方向按钮，移动机床。

③在手动状态下，点击操作面板上的 ▨ 或 ▨ 按钮，使主轴转动。未与工件接触时，寻边器测量端大幅度晃动。

④移动到大致位置后，可采用手动脉冲方式移动机床，点击操作面板上的"手动脉冲"按钮，使手动脉冲指示灯变亮，采用手动脉冲方式精确移动机床，将手轮对应轴旋钮置于X挡，调节手轮进给速度旋钮，用手轮精确移动寻边器。寻边器测量端晃动幅度逐渐减小，直至固定端与测量端的中心线重合，若此时用增量或手轮方式以最小脉冲当量进给，寻边器的测量端突然大幅度偏移，即认为此时寻边器与工件恰好吻合。

⑤记下寻边器与工件恰好吻合时CRT界面中的X坐标，此为基准工具中心的X坐标，记为X_1；将定义毛坯数据时设定的零件的长度记为X_2；将基准工件直径记为X_3（可在选择基准工具时读出）。则工件上表面中心的X坐标 = 基准工具中心的X坐标 – 零件长度的一半 – 基准工具半径，记为X。即：$X = X_1 - X_2/2 - X_3/2$。

⑥Y方向对刀采用同样的方法。得到工件中心的Y坐标，记为Y。

2. 圆形工件找正

1）找正工具。如果工件为圆形，以圆周作为找正基准，用上述对刀的方法找基准面比较困难，一般使用百分表进行找正。

2）找正过程

①安装工件。将工件毛坯装夹在工作台夹具上。

②将百分表的磁性底座吸在主轴套筒上，移动工作台，使主轴中心轴线大约移到工件中心，调节磁性座上伸缩杆的长度和角度，使百分表的触头沿着工件的外圆周面运动，观察百分表指针的偏移情况，慢慢移动工作台的X轴和Y轴，反复多次后，待转动主轴时百分表的指针基本指在同一位置，这时主轴的中心就是X轴和Y轴的原点。

③把此时机械坐标X值和Y值输入到偏置键的坐标系中。

五、加工过程

1. 加工方案的确定。制定工艺路线，例如，点孔—钻孔—扩孔；点孔—钻孔—扩孔—铰孔；钻孔—扩孔—粗镗—精镗加工。

（1）工件选用机用平口钳装夹。

（2）加工方法与刀具选择。

2. 确定切削用量。

3. 确定工件坐标系和对刀。

4. 编写程序。

5. 机床运行。

项目评价

孔加工在生产中具有重要意义，依据孔的精度要求不同，对孔制定的加工工艺路线也有所差异，要视情况而定。

项目七　模架加工

项目描述

用数控铣床进行模具模架导柱孔的加工，如图 2—7—1 和 2—7—2 所示。

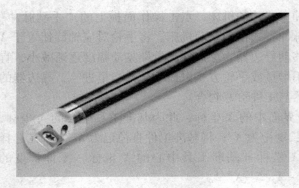

图 2—7—1　成品图 1

图 2—7—2　成品图 2

项目知识与技能

一、刀具选择

1. 镗孔的一般加工工艺

镗孔加工也称也镗削，可作为粗加工、半精加工和精加工。一般镗削的尺寸公差等级可达 IT8 ~ IT7，表面粗糙度 Ra 值可达 3.2 ~ 1.6 μm。

通常情况下，镗刀（见图 2—7—3）的加工量可大可小，主要取决于镗刀刀刃长短和镗刀杆的刚性。粗加工背吃刀量以 1 ~ 5 mm 为宜，半精加工背吃刀量以 0.2 ~ 1 mm 为宜，精加工背吃刀量以 0.05 ~ 0.2 mm 为宜。

图 2—7—3　镗刀

与铰削相比，镗削具有加工范围大、效率高、中心轴垂直度高等特点；但是，尺寸稳定性、表面质量等不及铰削。

2. 镗刀的类型

镗刀刀刃材料：高速钢、硬质合金两大类。

镗刀刀杆：整体式刀柄与直柄机夹杆两大类。

3. 镗刀的参数选择

（1）镗削速度 v 的选择。通常情况下镗削速度 v：高速钢为 $5 \sim 8$ m/min，硬质合金为 $15 \sim 25$ m/min。

（2）每分钟进给量 F 的选择。

$$F \text{（mm/min）} = n \text{（r/min）} \times f \qquad \text{（mm/r）}$$
$$n \text{（r/min）} = 1\ 000 \times v / \text{（}\pi \times D\text{）} \qquad \text{（r/min）}$$

由以上关系式可知：主轴转数确定的前提下，每分钟进给量 F 的大小主要决定于每转进给量 f（mm/r）。

镗孔时每转进给量 f 的选择参考推荐值见表 2—7—1。

表 2—7—1   每转进给量 f 参数   （mm/r）

切削材料 / 镗刀刀刃材料	低碳钢 120 ~ 200HB	低合金钢 200 ~ 300HB	高合金钢 300 ~ 400HB	软铸铁 130HB	中硬铸铁 175HB	硬铸铁 230HB
高速钢	0.08	0.06	0.05	0.10	0.08	0.05
硬质合金	0.08	0.06	0.05	0.10	0.08	0.05

（3）镗杆的选择。在镗削加工中，镗杆的选择非常重要，一般情况下镗杆不能小于所镗孔径的 75%。如果过小，则在加工中容易产生振动，表面出现振纹；如果过大，则可加工范围变小，不利于排屑。加工中镗杆如图 2—7—4 所示。

图 2—7—4 加工中镗杆

（4）切削用量（表格）。铣削按切削用量选择表查表进行。

1）刀具（条件：粗铣）：立铣刀。

2）刀具（条件：半精铣）：端铣刀、圆柱形铣刀、圆盘铣刀。

二、程序编制

1）G76 精镗循环

格式：G76 X __ Y __ Z __ R __ Q __ F __；

功能：快速定位到 X、Y 指定点，以 Z、R、Q、F 给定的参数对孔进行加工。

执行过程：如图 2—7—5 所示为 G76 精镗循环，X、Y 轴定位后，Z 轴快速运动到 R 点，再以 F 给定的速度进给到 Z 点，然后主轴向给定的方向移动一段距离，再快速返回初始点或 R 点，返回后，主轴再以原来的转速和方向旋转。孔底的移动距离由孔加工参数 Q 给定，Q 始终应为正值，移动的方向由机床参数给定。在使用该固定循环时，应注意孔底移动的方向是使主轴定向后，刀尖离开工件表面的方向，这样退刀时便不会划伤已加工好的工件表面，可以得到较好的精度和光洁度。

用途：该固定循环一般用于表面粗糙度要求较高的孔的精加工。

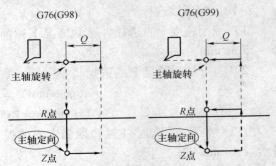

图 2—7—5　G76 精镗循环

2）G83 高速深孔钻削循环

格式：G83 X_ Y_ Z_ R_ Q_ F_ K_；

执行过程：如图 2—7—6 所示为 G83 高速深孔钻削循环，和 G73 指令相似，G83 指令下从 R 点到 Z 点的进给也分段完成；和 G73 指令不同的是，每段进给完成后，Z 轴返回的是 R 点，然后以快速进给速率运动到距离下一段进给起点上方 d 的位置开始下一段进给运动。没有孔底动作。

每段进给的距离由孔加工参数 Q 给定，Q 始终为正值，d 的值由机床参数给定。

用途：该固定循环一般用于深孔加工，起断屑、排屑的作用，与 G73 相比效率较低。

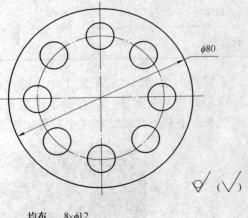

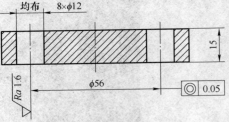

图 2—7—6　G83 高速深孔钻削循环

项目实施

模具模架导柱孔的加工实训。加工示例如图 2—7—7 所示。

图 2—7—7　加工示例图

一、加工分析

汽车模具在冲压零件时，上、下模具受到很大的压力，为使两模座水平位置保持不动，上、下模架需做导柱和孔进行配合。导柱孔不但要求孔径精度高而且表面粗糙度值 Ra 在 3.2 ~ 0.6 μm 之间。本实训项目练习的工件材料为 45 钢，切削性较好，毛坯尺寸为 90 mm × 60 mm × 20 mm，已完成上、下表面及周边侧面的加工，该模架由两个 φ32 mm 通孔组成。

二、加工方案的确定

1. 刀具的选择

由于工件材料为 45 钢，两导柱孔的位置有较高要求，选用 φ16 mm 麻花钻一把、φ20 mm 立铣刀一把、0.01 mm 可调（φ26 ~ 34 mm）精镗刀一把。

2. 夹具及装夹方式的选择

由于工件毛坯为长方形，且加工内容为通孔，结合车间现有夹具设备，决定采用 1 台平口钳装夹工件。装夹时注意垫铁要避开孔位且足够高。

3. 加工工艺与路线设计

汽车模具模架导柱孔孔径较大，根据孔表面粗糙度、垂直度较高等特点，采用的加工工序可以是：钻孔→扩铣→精镗。

加工路线的设计：模架上的导柱孔一般较少，结构较简单，为更好地保证孔距精度，加工导柱孔时可以参考如图 2—7—8 所示的走刀路线。

4. 工件原点设定

由于工件为对称方形结构，为简化编程，工件原点设定在工件中心上表面处。

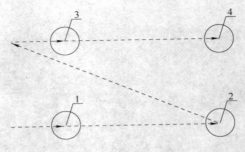

图 2—7—8　走刀路线

三、制定工艺计划

1. 汽车模具模架导柱孔加工工序清单（见表 2—7—2）

表 2—7—2　　　　　　　　　　　　　　加工工序清单

序号	加工内容	刀具规格		主轴转速 /（r/min）	进给量 /（mm/min）
		类型	材料		
1	钻 φ32 mm 底通孔	φ16 mm 麻花钻	高速钢	280	30
2	扩铣 φ32 mm 通孔	φ16 mm 立铣刀	高速钢	350	40
3	精镗 φ32 mm 通孔	精镗刀	高速钢	150	30

2. 汽车模具模架导柱孔钻 φ16 mm 底孔加工程序（见表 2—7—3）

表 2—7—3　　　　　　　　钻 φ16 mm 底孔加工程序

程序号：O0531

程序段号	程序内容	说明
N10	G54 G17 G90 G40 G80 G49 G94 G00 Z150;	建立工件坐标系，XY 平面，绝对值编程，取消半径补偿及长度补偿、固定循环，进给速度单位为 mm/min
N20	M03 S280;	主轴正转，转速为 280 r/min
N30	G99 G81 X-24.5 Y0; Z-26 R3 F30;	返回 R 平面，选用 G81 钻削循环，进给速度为 30 mm/min
N40	X24.5 Y0;	
N50	G00 Z150;	快速抬刀至 Z150 mm 处，并取消刀具长度补偿
N60	M30;	程序结束

3. 汽车模具模架导柱孔扩铣 φ32 mm 通孔加工程序（见表 2—7—4）

表 2—7—4   扩铣 $\phi 32$ mm 通孔加工程序

程序号：O0532

程序段号	程序内容	说明
N10	G54 G17 G90 G40 G80 G49 G94 G0 Z150；	建立工件坐标系，XY 平面，绝对值编程，取消半径补偿及长度补偿、固定循环，进给速度单位为 mm/min
N20	M03 S350；	主轴正转，转速为 350 r/min
N30	M08；	切削液开
N40	G0 X-24.5 Y0；	定位
N50	Z5；	Z 轴定位到 5 mm
N60	M98 P31001；	选择子程序
N70	G90 G0 Z50；	快速抬刀至 Z50 mm 处
N80	G0 X24.5 Y0；	定位
N90	Z5；	Z 轴定位到 5 mm
N100	M98 P31001；	选择子程序
N110	G00 Z150 M09；	快速抬刀至 Z150 mm 处
N120	M30；	程序结束
O1001	子程序名	
N10	G91 G01 Z-10 F100；	
N20	G91 G41 X-16 Y0 D1；	
N30	G03 I16 J0；	
N40	G40 G01 X16 Y0；	
N80	M99；	子程序结束

4. 汽车模具模架导柱孔精镗孔加工程序（见表 2—7—5）

表 2—7—5   精镗孔加工程序

程序号：O0533   程序名

程序段号	程序内容	说明
N10	G54 G17 G90 G40 G80 G49 G94 G0 Z150；	建立工件坐标系，XY 平面，绝对值编程，取消半径补偿及长度补偿、固定循环，进给速度单位为 mm/min
N20	M03 S150；	主轴正转，转速 150 r/min
N30	G99 G76 X-24.5 Y0 Z-23 R3 Q2 F30；	返回 R 平面，选用 G76 精镗循环，进给速度为 30 mm/min
N40	X24.5 Y0；	
N50	G00 Z150；	快速抬刀至 Z150 mm 处，并取消刀具长度补偿
N60	M30；	程序结束

四、实施加工

1. 检查机床，确认机床正常，开机并回零。

2. 装刀及工件装夹，注意垫铁要避开孔位位置。

3. 用寻边器对刀（X、Y），将工件坐标系原点设置在工件中心上表面处。

4. 输入并检查加工程序。

5. 将工件坐标系原点抬高 20 ~ 30 mm，以空运行方式检测程序。

6. 取消空运行方式，将工件坐标系原点复原，以单段方式进行钻中心孔加工。

7. 换装 φ16 mm 麻花钻，并选择对应程序，对刀（z 轴）、空运行及加工。

8. 换装 φ16 mm 立铣刀，并选择对应程序，对刀（z 轴）、空运行及加工。

9. 换装精镗刀，并选择对应程序，对刀（z 轴）、空运行及加工。

10. 确认工件加工合格。

五、检查控制

1. 工件首次加工时，必须用单段方式运行程序，且检查一段运行一段，防止程序中因 G01 指令错误地输成了 G00 指令而产生撞刀。

2. 工件首次加工时，要注意检查刀具轨迹是否合理，快速移动时是否安全。

3. 在精镗首个孔时要试加工孔口 3 ~ 5 mm 深度，测量尺寸合格后方能正式加工。

4. 加工过程中注意检测孔距是否合格。

项目评价（评价加工质量）

完成工件的加工后，可从以下几方面评估整个加工过程，达到不断优化的目的。

1. 对工件尺寸精度进行评估，找出尺寸超差是机床因素还是测量因素，为工件后续加工时尺寸精度控制提出解决办法或合理化建议。

2. 对工件的加工表面质量进行评估，找出表面质量缺陷的原因，提出刀具路线优化设计方案。

3. 对加工效率、刀具使用寿命等方面进行评估，找出加工效率与刀具使用寿命的内在规律，为进一步优化刀具切削参数奠定基础。

4. 回顾整个加工过程，是否有需要改进的操作。

模块三

外轮廓加工

项目一　螺旋铣及螺纹加工

项目目标

1. 熟悉螺旋铣削孔、铣削螺纹。
2. 掌握铣削螺纹加工指令及刀具半径补偿、长度补偿的应用。

项目描述

在机械加工中，传统的螺纹加工方法主要是采用螺纹车刀车削螺纹或采用丝锥、板牙手工攻螺纹及套扣。随着数控加工技术的发展，尤其是三轴联动数控加工系统的出现，使更先进的螺纹加工方式——螺纹的数控铣削得以实现。螺纹铣削加工具有诸多优势，目前发达国家的大批量螺纹生产已较广泛地采用了铣削工艺。

项目分析

编制如图 3—1—1 所示工件的加工程序，并加工工件。

项目知识与技能

一、刀具选择

1. 铣螺纹的几种刀具

在螺纹铣削加工中，三轴联动数控机床和螺纹铣削刀具是必备的两个要素。以下介绍几种常见的螺纹铣刀类型。

（1）圆柱螺纹铣刀。圆柱螺纹铣刀的外形很像是圆柱立铣刀与螺纹丝锥的结合体（见图 3—1—2a），但它

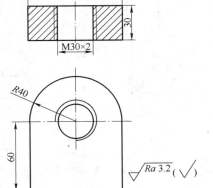

图 3—1—1　螺纹加工零件图

的螺纹切削刃与丝锥不同，刀具上无螺旋升程，加工中的螺旋升程靠机床运动实现。由于这种特殊结构，使该刀具既可加工右旋螺纹，也可加工左旋螺纹，但不适用于较大螺距螺纹的加工。

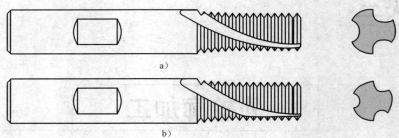

图 3—1—2　圆柱螺纹铣刀和锥管螺纹铣刀
a）圆柱螺纹铣刀　b）锥管螺纹铣刀

　　常用的圆柱螺纹铣刀可分为粗牙螺纹和细牙螺纹两种。出于对加工效率和耐用度的考虑，螺纹铣刀大都采用硬质合金材料制造，并可涂覆各种涂层以适应特殊材料的加工需要。圆柱螺纹铣刀适用于钢、铸铁和有色金属材料的中小直径螺纹铣削，切削平稳，耐用度高。缺点是刀具制造成本较高，结构复杂，价格昂贵。

　　（2）机夹螺纹铣刀及刀片。机夹螺纹铣刀适用于较大直径（如 $D > 25$ mm）的螺纹加工。其特点是刀片易于制造，价格较低，有的螺纹刀片可双面切削，但抗冲击性能较整体螺纹铣刀稍差。因此，常推荐该刀具用于加工铝合金材料。如图 3—1—3 所示为两种机夹螺纹铣刀及刀片。图 3—1—3a 为机夹单刃螺纹铣刀及三角双面刀片，图 3—1—3b 为机夹双刃螺纹铣刀及矩形双面刀片。

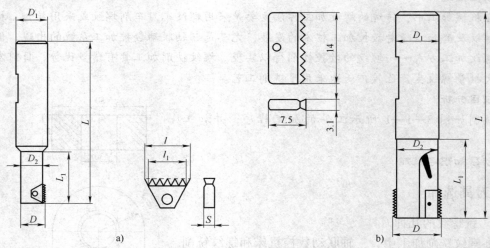

图 3—1—3　机夹螺纹铣刀及刀片
a）机夹单刃螺纹铣刀及三角双面刀片　b）机夹双刃螺纹铣刀及矩形双面刀片

　　（3）组合式多工位专用螺纹镗铣刀。组合式多工位专用螺纹镗铣刀的特点是一刀多刃，一次完成多工位加工，可节省换刀等辅助时间，显著提高生产效率。如图 3—1—4 所示为组合式多工位专用螺纹镗铣刀加工实例。工件需加工内螺纹、倒角和平台。若采用单工位自动换刀方式加工，单件加工用时约 30 s；而采用组合式多工位专用螺纹镗铣刀加工，单件加工用时仅约 5 s。

2. 刀具的选择

加工本项目工件所用刀具主要包括 ϕ10 mm 高速钢麻花钻、ϕ22 mm 高速钢麻花钻、ϕ18 mm 高速钢立铣刀、ϕ27 mm 单刃螺纹铣刀。

3. 切削用量的选择

（1）确定主轴转速。选用 ϕ10 mm 高速钢麻花钻，根据切削用量表，切削速度选 $v = 20$ m/min，由公式 $n = 1\ 000\ v/\pi D = 1\ 000 \times 20/(3.14 \times 10) \approx 637$ r/min，取 $n = 650$ r/min。

（2）确定进给量。由公式：

$$f = 0.1n = 0.1 \times 650 = 65 \text{ mm/min}，取 f = 100 \text{ mm/min}$$

同理计算得：

ϕ22 mm 高速钢麻花钻，取主轴转速 $n = 450$ r/min，进给量 $f = 80$ mm/min。

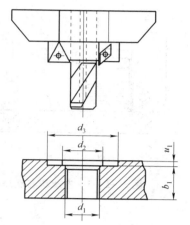

图 3—1—4　组合式多工位专用螺纹镗铣刀加工示意图

ϕ18 mm 高速钢立铣刀，取主轴转速 $n = 500$ r/min，进给量 $f = 200$ mm/min。

ϕ27 mm 单刃螺纹铣刀，取主轴转速 $n = 2\ 000$ r/min，进给量 $f = 500$ mm/min。

二、程序编制

螺旋铣 G02 \ G03 的使用。

三、螺纹铣削走刀轨迹

螺纹铣削运动轨迹为一螺旋线，可通过数控机床的三轴联动来实现。如图 3—1—5 所示为左旋和右旋外螺纹的铣削运动。

与一般轮廓的数控铣削一样，螺纹铣削开始进刀时也可采用 1/4 圆弧切入或直线切入。铣削时应尽量选用刀片宽度大于被加工螺纹长度的铣刀，这样，铣刀只需旋转 360°即可完成螺纹加工。螺纹铣刀的轨迹分析如图 3—1—6 所示。

项目实施

图 3—1—1 的加工内容为孔和螺纹。采用钻孔、扩孔和铣孔，最后用铣削螺纹的方法来加工此零件。

螺纹铣削加工与传统螺纹加工方式相比，在加工精度、加工效率方面具有极大优势，且加工时不受螺纹结构和螺纹旋向的限制，如一把螺纹铣刀可加工多种不同旋向的内、外螺纹。对于不允许有过渡扣或退刀槽结构的螺纹，采用传统的车削方法或丝锥、板牙很难加工，但采用数控铣削却十分容易实现。此外，螺纹铣刀的耐用度是丝锥的十多倍甚至几十倍，而且在数控铣削螺纹过程中，对螺纹直径尺寸的调整极为方便，这是采用丝锥、板牙难以做到的。

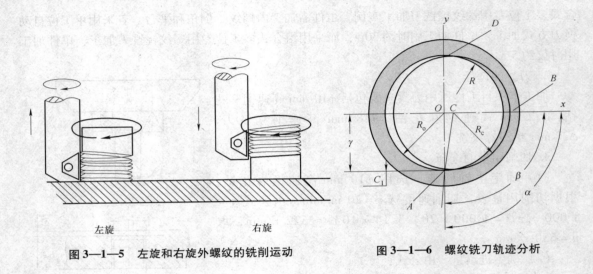

图 3—1—5　左旋和右旋外螺纹的铣削运动　　　图 3—1—6　螺纹铣刀轨迹分析

一、加工分析

1. 普通螺纹标注

普通螺纹牙型角为 60°，分为粗牙普通螺纹和细牙普通螺纹。粗牙普通螺纹的螺距是标准螺距，其代号用字母"M"及公称直径表示，如 M16、M12 等。细牙普通螺纹代号用字母"M"及公称直径×螺距表示，如 M24×1.5、M27×2 等。

普通螺纹有左旋螺纹和右旋螺纹之分，左旋螺纹应在螺纹标记的末尾处加注"LH"字样，如 M20×1.5LH 等，未注明的是右旋螺纹。

2. 底孔直径的确定

加工螺纹时，螺纹铣刀在切削金属的同时，有较强的挤压作用。因此，金属产生塑性变形形成凸起挤向牙尖，使加工出的螺纹的小径小于底孔直径。

加工螺纹前的底孔直径应稍大于螺纹小径，但底孔直径也不易过大，否则会使螺纹牙型高度不够，降低强度。

底孔直径的大小通常根据经验公式决定，其公式如下：

$$D_底 = D - P （加工钢件等塑性金属）$$

$$D_底 = D - 1.05P （加工铸铁等脆性金属）$$

式中　$D_底$——钻螺纹底孔用麻花钻直径，mm；

　　　　D——螺纹大径，mm；

　　　　P——螺距，mm。

对于细牙螺纹，其螺距已在螺纹代号中作了标记。而对于粗牙螺纹，每一种螺纹螺距的尺寸规格也是固定的，如 M8 的螺距为 1.25 mm，M10 的螺距为 1.5 mm，M12 的螺距为 1.75 mm 等，具体请查阅有关螺纹尺寸参数表。

二、加工方案

针对图样的要求做加工方案。

1. 毛坯准备

零件的材料为45钢，表面为已加工。

2. 确定工艺方案及加工路线

（1）选择编程零点。由图样的图形结构，确定100 mm×80 mm（长×宽）的对称中心及上表面（O点）为编程原点（见图3—1—6）。

（2）确定装夹方法。根据图样的图形结构，选用平口虎钳装夹工件。

（3）确定加工路线

1）钻ϕ10 mm孔。

2）用麻花钻扩孔至ϕ22 mm。

3）用ϕ18 mm立铣刀扩孔至ϕ28 mm。

4）铣螺纹。

3. 计算基点的坐标值

如图3—1—6所示O点的坐标为（0，0）。

4. 编程

按华中世纪星HNC-21/22M系统编程，加工程序见表3—1—1。

表3—1—1　　　　　　　　　　　加工程序

	%1　程序名	
程序段号	程序内容	说明
N10	G90 G54 G00 Z100;	G90绝对值编程，G54工件坐标系，Z100安全高度
N20	M06 T01;	换上1号刀，钻孔
N30	M03 S650;	主轴正转，转速为650 r/min
N40	X0Y0;	快速移动到起刀点（X0、Y0）位置
N50	G43 Z50 H01;	建立刀具长度补偿
N60	G98 G81 X0 Y0 Z-35 R5 F100;	在中心点位置钻22 mm孔，深度为25 mm（通），G98返回到初始平面Z100的位置
N70	G80;	取消孔加工固定循环
N80	G49 G00 Z100;	取消刀具长度补偿
N90	M05;	主轴停止
N100	M06 T02;	换上2号刀，扩孔
N110	M03 S450;	主轴正转，转速为450 r/min
N120	G43 G00 Z50 H02;	建立刀具长度补偿
N130	G98 G81 X0 Y0 Z-25 R5 F80;	在中心点位置钻22 mm孔，深度为25 mm（通），G98返回到初始平面Z100的位置
N140	G80;	取消孔加工固定循环
N150	G49 G00 Z100;	取消刀具长度补偿
N160	M05;	主轴停止
N170	M06 T03;	换上3号刀，铣孔
N180	M03 S500;	主轴正转，转速为500 r/min
N190	G43 G00 Z5 H03;	建立刀具长度补偿，快速移动到Z5位置

程序段号	程序内容	说明
N200	G01 Z0 F200;	移动到 Z0 位置
N210	G42 G01 X14 Y0 D3;	建立右刀补，移动到（X14、Y0）位置
N220	G91 G02 I-14 Z-1 L31;	螺旋铣 ϕ28 mm 的孔
N230	G90 G49 G00 Z100;	取消刀具长度补偿
N240	G40 X0 Y0;	取消刀具半径补偿
N250	M05;	主轴停止
N260	M06 T04;	换上 4 号刀，镗孔
N270	M03 S2000;	主轴正转，转速为 2 000 r/min
N280	G43 G00 Z50 H04;	建立刀具长度补偿
N290	Z2;	下降至 Z2
N300	G00 X1.5;	G00 移动到起始点上方
N310	G91 G02 I-15 Z-2 L17 F500;	加工螺纹
⋮	G80 G90;	取消孔加工固定循环
N350	G49 G00 Z100;	取消刀具长度补偿
	M05;	主轴停止
	M30;	程序结束

5. 加工工件

（1）打开机床电源开关。

（2）机床回参考点。

（3）工件装夹。选用平口虎钳正确装夹工件。

（4）对刀

1）x 轴采用分中法对刀。

2）y 轴采用分中法对刀。

3）z 轴采用试切法对刀。

4）将 x、y、z 数值输入到机床的自动坐标系 G54 中。

（5）程序输入。将已经编好的程序输入到机床中（详见程序输入）。

（6）程序校验

1）打开要加工的程序。

2）按下机床控制面板上的"自动"键，进入程序运行方式。

3）在程序运行菜单下，按"程序校验"按键，按"循环启动"按键，校验开始。如果程序正确，显示窗口会显示出正确的轮廓轨迹及走刀线路，校验完成后，光标将返回到程序头。

（7）自动加工

1）选择并打开零件加工程序，设定刀补值。

2）按下机床控制面板上的"自动"按键（指示灯亮），进入程序运行方式。

3）按下机床控制面板上的"循环启动"按键（指示灯亮），机床开始自动运行当前的加工程序。

项目二 排孔加工

排孔零件在现代零件的加工中占有相当大的比重，在配合零件中有着极大的作用，对生活和生产也有着重要的作用，因此在数控铣床中，排孔零件的加工是必须掌握的一项基本技能，也是学好数控铣床所必须要做的。

项目目标

1. 汽车法兰盘连接孔钻中心孔加工程序。
2. 汽车法兰盘连接孔钻 φ8 mm 底孔加工程序。
3. 汽车法兰盘连接孔扩 φ11.7 mm 底孔加工程序。
4. 汽车法兰盘连接孔铰 φ12H8 mm 孔加工程序。

项目描述

汽车法兰盘连接孔如图 3—2—1 所示。

项目知识与技能

一、铰孔的一般加工工艺

铰孔是在半精加工基础上进行的一种精加工。一般铰孔的尺寸公差等级可达 IT8 ~ IT7，表面粗糙度 Ra 值可达 3.2 ~ 0.6 μm。

通常情况下，铰刀的加工量为 0.05 ~ 0.15 mm，即前一道工序的余量如果小于 0.05 mm，则加工的孔径、孔表面粗糙度很难保证；前一道工序的余量如果大于 0.15 mm，则加工的铰刀受力较大，刀具容易磨损、断刀，孔径不稳定。

二、铰刀的类型

铰刀材料一般分为高速钢和硬质合金两大类。

根据刀具直径的大小，铰刀刀柄分为直柄和锥柄两种。直径较小的铰刀，一般做成直柄形式；直径较大的铰刀，一般做成 7:24 的锥柄形式。

常见铰刀如图 3—2—2 所示。

图 3—2—1　汽车法兰盘连接孔

图 3—2—2　常见铰刀

三、铰刀的参数选择

1. 铰削速度 v 的选择

通常情况下铰削速度 $v = 5 \sim 8$ m/min。受刀具材料的影响不大。

2. 每分钟进给量 F 的选择

$$F \text{ (mm/min)} = n \text{ (r/min)} \times f \text{ (mm/r)}$$

$$n \text{ (r/min)} = 1\,000 \times v / (\pi \times D)$$

由以上关系式可知：在主轴转数确定的前提下，每分钟进给量 F 的大小主要决定于每转进给量 f（mm/r）。

3. G73 高速深孔钻削循环指令

格式：G73 X __ Y __ Z __ R __ Q __ F __ K __；

执行过程：X、Y 定位，Z 轴快进到 R 点，从 R 点到 Z 点的进给是分段完成的，每段切削进给完成后 Z 轴向上抬起一段距离，然后再进行下一段的切削进给，Z 轴每次向上抬起的距离为 d，由参数给定，每次进给的深度由孔加工参数 Q 给定。快速返回初始点（G98）或 R 点（G99），没有孔底动作。

用途：该固定循环主要用于径深比小的深孔钻孔加工中（如 $\phi 5$ mm，深 70 mm），每段切削进给完毕后 Z 轴抬起的动作起到了断屑的作用。

G73 高速深孔钻削循环加工的参数如图 3—2—3，含义见表 3—2—1。

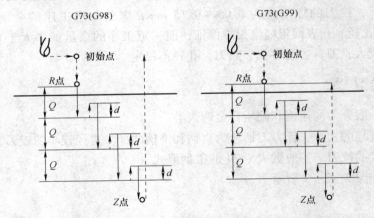

图 3—2—3 G73 高速深孔钻削循环加工参数

表 3—2—1　　　　　　　　　　　**G73 高速深孔钻削循环加工的参数含义**

被加工孔位置参数 X、Y	以增量值方式或绝对值方式指定被加工孔的位置，刀具向被加工孔运动的轨迹和速度与 G00 的相同
孔加工参数 Z	在绝对值方式下指定沿 Z 轴方向孔底的位置，增量值方式下指定从 R 点到孔底的距离
孔加工参数 R	在绝对值方式下指定沿 Z 轴方向 R 点的位置，增量值方式下指定从初始点到 R 点的距离
孔加工参数 F	用于指定固定循环中的切削进给速度，在固定循环中，从初始点到 R 点及从 R 点到初始点的运动以快速进给的速度进行，从 R 点到 Z 点的运动以 F 指定的切削进给速度进行，而从 Z 点返回 R 点的运动则根据固定循环的不同以 F 指定的速度或快速进给速度进行

重复次数 K	指定固定循环在当前定位点的重复次数，如果不指令 K，NC 认为 K = 1，如果指令 K0，则固定循环在当前点不执行
孔加工参数 Q	用于指定深孔钻循环 G73 和 G83 中的每次进刀量，精镗循环 G76 和反镗循环 G87 中的偏移量（无论 G90 或 G91 模态，总是增量值指令）

汽车法兰盘连接孔加工图样如图 3—2—4 所示。

四、明确任务

汽车法兰盘零件主要作轴承端盖，起到压紧、限位、连接的作用。该零件材料为 45 钢，切削性较好，毛坯已完成上、下表面及周边侧面的加工，本次实训加工任务为 $8 \times \phi12H8$ 孔。重点保证孔径 $\phi12_{0}^{+0.027}$ mm 和孔表面粗糙度 $Ra1.6$ μm。

五、加工方案的选择

1. 刀具的选择

由于工件材料为 45 钢，孔系的位置也有一定要求，故选用 A4 mm 中心钻钻中心窝作为麻花钻头的引导位，保证孔位置精度要求；选用 $\phi8$ mm 钻头钻底孔，孔径较大，选用 $\phi11.7$ mm 扩孔钻作为扩孔半精加工，用等级精度相符的 $\phi12H8$ mm 铰刀作为精加工刀具。

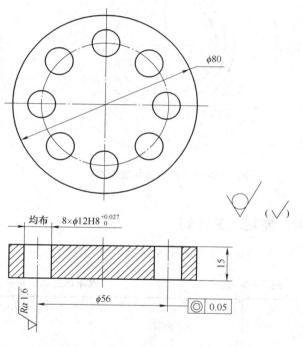

图 3—2—4 汽车法兰盘连接孔加工图样

2. 夹具及装夹方式的选择

由于工件为圆形且直径较大，结合车间现有夹具设备，决定采用 1 台三爪自定心卡盘，注意爪子位置要避开孔位。

3. 加工工艺与路线设计

根据该加工内容和图样的技术要求，对螺栓孔位有一定要求，孔径公差等级为 IT8 级。故工艺可选为：钻中心孔→钻孔→扩孔→铰孔。

加工路线的设计中主要考虑怎样更好地消除机床本身的反向间隙，减小加工系统带来的位置误差，在圆形中还需考虑刀具路线应为最短，本汽车法兰盘连接孔（见图 3—2—5）的加工路线设计如下。

（1）用 A4 mm 中心钻：1→2→3→4→5→6→7→8。

（2）用 $\phi8$ mm 麻花钻：1→2→3→4→5→6→7→8。

（3）用 ϕ11.7 mm 扩孔钻：1→2→3→4→5→6→7→8。

（4）用 ϕ12H8 mm 铰刀：1→2→3→4→5→6→7→8。

4. 工件原点设定

由于工件为对称圆形结构，为简化编程，工件原点设定在工件中心上表面处，如图3—2—6所示。

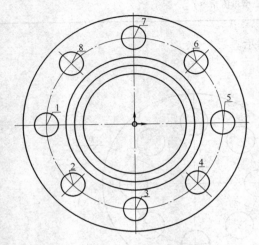

图3—2—5 汽车法兰盘连接孔

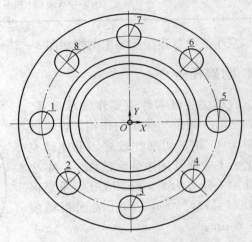

图3—2—6 工件原点设定

六、制定工艺计划

汽车法兰盘连接孔工序清单（见表3—2—2）

表3—2—2　　　　　　　　汽车法兰盘连接孔工序清单

序号	加工内容	刀具规格		主轴转速 /（r/min）	进给量 /（mm/min）
		类型	材料		
1	钻中心孔	A4 mm 中心钻	高速钢	1 200	20
2	钻 ϕ8 mm 底孔	ϕ8mm 麻花钻	高速钢	300	30
3	扩孔至 ϕ11.7 mm	ϕ11.7 mm 扩孔钻	高速钢	250	40
4	铰 ϕ12H8 mm 连接孔	ϕ12H8 mm 铰刀	高速钢	120	40

七、编制程序

1. 汽车法兰盘连接孔钻中心孔加工程序（见表3—2—3）

表 3—2—3　　　　　　　　　　钻中心孔加工程序

程序号：O0521　　程序名

程序段号	程序内容	说明
N10	G54 G17 G90 G40 G80 G49 G94；	建立工件坐标系，XY 平面，绝对值编程，取消半径补偿及长度补偿、固定循环，进给速度单位为 mm/min
N20	M03 S1200；	主轴正转，转速为 1 200 r/min
N30	G98 G82 X-28. Y0. Z-6 P2 Q5 F30；	
N40	X-19.799 Y-19.799；	
N50	X0 Y-28.；	
N60	X19.799 Y-19.799；	返回 R 平面，选用 G82 钻削循环，进给速度为30 mm/min
N70	X28. Y0.；	
N80	X19.799 Y19.799；	
N90	X0. Y28.；	
N100	X-19.799 Y19.799；	
N110	G00 Z150；	快速抬刀至 Z150 mm 处，并取消固定循环
N120	M30；	程序结束

2. 汽车法兰盘连接孔钻 φ8 mm 底孔加工程序（见表 3—2—4）

表 3—2—4　　　　　　　　钻 φ8 mm 底孔加工程序

程序号：O0522　　程序名

程序段号	程序内容	说明
N10	G54 G17 G90 G40 G80 G49 G94；	建立工件坐标系，XY 平面，绝对值编程，取消半径补偿及长度补偿、固定循环，进给速度单位为 mm/min
N20	M03 S300；	主轴正转，转速为 300 r/min
N30	G98 G73 X-28. Y0. Z-18 R-3 Q5 F30；	返回 R 平面，选用 G73 钻削循环，进给速度为30 mm/min
N40	X-19.799 Y-19.799；	
N50	X0 Y-28.；	
N60	X19.799 Y-19.799；	
N70	X28. Y0.；	
N80	X19.799 Y19.799；	
N90	X0. Y28.；	
N100	X-19.799 Y19.799；	
N110	G00 Z150；	快速抬刀至 Z150 mm 处，并取消固定循环
N120	M30；	程序结束

3. 汽车法兰盘连接孔扩 φ11.7 mm 底孔加工程序（见表 3—2—5）

表 3—2—5   扩 ϕ11.7 mm 底孔加工程序

	程序号：O0523 程序名	
程序段号	程序内容	说明
N10	G54 G17 G90 G40 G80 G49 G94；	建立工件坐标系，XY 平面，绝对值编程，取消半径补偿及长度补偿、固定循环，进给速度单位为 mm/min
N20	M03 S250；	主轴正转，转速为 250 r/min
N30	G98 G81 X-28. Y0. Z-18 Q5 F30；	返回 R 平面，选用 G81 铰、钻削循环，进给速度为 30 mm/min
N40	X-19.799 Y-19.799；	
N50	X0 Y-28.；	
N60	X19.799 Y-19.799；	
N70	X28. Y0.；	
N80	X19.799 Y19.799；	
N90	X0 Y28.；	
N100	X-19.799 Y19.799；	
N110	G00 Z150；	快速抬刀至 Z150mm 处，并取消固定循环
N120	M30；	程序结束

4. 汽车法兰盘连接孔铰 ϕ12H8 mm 孔加工程序（见表 3—2—6）

表 3—2—6   铰 ϕ12H8 mm 孔加工程序

	程序号：O0524 程序名	
程序段号	程序内容	说明
N10	G54 G17 G90 G40 G80 G49 G94；	建立工件坐标系，XY 平面，绝对值编程，取消半径补偿及长度补偿、固定循环，进给速度单位为 mm/min
N20	M03 S120；	主轴正转，转速为 120 r/min
N30	G98 G81 X-28. Y0. Z-18 Q8 F30；	返回 R 平面，选用 G81 铰、钻削循环，进给速度为 30mm/min
N40	X-19.799 Y-19.799；	
N50	X0 Y-28.；	
N60	X19.799 Y-19.799；	
N70	X28. Y0.；	
N80	X19.799 Y19.799；	
N90	X0 Y28.；	
N100	X-19.799 Y19.799；	
N110	G00 Z150；	快速抬刀至 Z150 mm 处，并取消固定循环
N120	M30；	程序结束

5. 应用子程序（以中心钻为例）（见表 3—2—7）

表 3—2—7　　　　　　　　　　　　　　加工程序

程序号：O0001　　（主程序）

程序段号	程序内容	说明
N10	G91 G28 Z0;	
N20	G90 G54 G0 X0 Y0 S1 500 M03;	建立坐标系，主轴旋转
N40	G43 H1 Z100;	刀具长度补偿 H1
N50	Z5 M8;	下刀
N60	X20 Y0;	
N70	D1 M98 P100;	调用子程序 100，并用刀具半径补偿 D1
N80	X14.142 Y14.142;	
N90	D1 M98 P100;	调用子程序 100，并用刀具半径补偿 D1
N100	X0 Y20;	
N110	D1 M98 P100;	调用子程序 100，并用刀具半径补偿 D1
N120	X-14.142 Y14.142;	
N130	D1 M98 P100;	调用子程序 100，并用刀具半径补偿 D1
N140	X-20 Y0;	
N150	D1 M98 P100;	调用子程序 100，并用刀具半径补偿 D1
N160	X-14.142 Y-14.142;	
N170	D1 M98 P100;	调用子程序 100，并用刀具半径补偿 D1
N180	X0 Y-20;	
N190	D1 M98 P100;	调用子程序 100，并用刀具半径补偿 D1
N200	X14.142 Y-14.142;	
N210	D1 M98 P100;	调用子程序 100，并用刀具半径补偿 D1
N220	G0 Z150;	快速抬刀至 Z150mm 处
N230	M30;	程序结束

程序号：O100　　（子程序100）

程序段号	程序内容	说明
N10	G98 G81 Z-18 Q-3 F50;	打孔指令 G81
N20	G80;	取消固定循环
N40	M99;	回到主程序
	%	

　　形状尺寸一致的若干个轮廓加工可以应用子程序，提高工作效率，简化编程。注意：M98 与 M99 应成对出现。P 后为子程序名称，应与后面书写子程序名称一致。D 值可提前，写在程序行的最前面。

八、实施加工计划

1. 检查机床，确认机床正常，开机并回零。

2. 装刀及工件装夹，垫铁要避开孔位位置。

3. 用寻边器对刀（X、Y），将工件坐标系原点设置在工件中心上表面处。

4. 输入并检查加工程序。

5. 将工件坐标系原点抬高 20～30 mm，以空运行方式检测程序。

6. 取消空运行方式，将工件坐标系原点复原，以单段方式进行钻中心孔加工。

7. 换装 φ8 mm 麻花钻，并选择对应程序，对刀（z 轴）、空运行及加工。

8. 换装 φ11.7 mm 扩孔钻，并选择对应程序，对刀（z 轴）、空运行及加工。

9. 换装 φ12mm 铰刀，并选择对应程序，对刀（z 轴）、空运行及加工。

10. 确认工件加工合格。

九、检查控制

1. 工件首次加工时，必须用单段方式运行程序，且检查一段运行一段，防止程序中因 G01 指令错误地输成了 G00 指令而产生撞刀。

2. 工件首次加工时，要注意检查刀具轨迹是否合理，快速移动时是否安全。

3. 钻中心孔时，孔窝大小、深度是否合理，是否起到定位引导作用。

4. 控制孔径的大小，主要是钻头直径的选择，每换一次钻头加工每一个孔必须认真检测孔是否有精加工余量，必要时更换小一号钻头。

5. 加工过程中注意检测孔距是否合格。

十、评价加工质量

完成工件的加工后，可从以下几方面评估整个加工过程，达到不断优化的目的。

1. 对工件尺寸精度进行评估，找出尺寸超差是机床因素还是测量因素，为工件后续加工时尺寸精度控制提出解决办法或合理化建议。

2. 对工件的加工表面质量进行评估，找出表面质量缺陷的原因，提出刀具路线优化设计方案。

3. 对加工效率、刀具使用寿命等方面进行评估，找出加工效率与刀具使用寿命的内在规律，为进一步优化刀具切削参数奠定基础。

4. 回顾整个加工过程，是否有需要改进的操作。

十一、安全注意事项

1. 刀具的选用，特别是扩孔钻的大小，不能过大或过小。

2. 铰刀的选择要与加工的等级相应，同时在加工首个孔时要认真测量。

3. 注意刀具加工时转速是否合理。

4. 加工过程中要关上机床防护门。

模块四

企业典型零件加工篇

项目一　法兰盘加工

项目目标

1. 掌握根据法兰盘零件图进行数控铣削加工工艺性分析的方法。
2. 掌握拟定法兰盘零件的数控铣削加工工艺路线的方法。
3. 掌握选择法兰盘零件的数控铣削加工刀具的方法。
4. 掌握选择法兰盘零件的数控铣削加工夹具的方法，并确定装夹方案。
5. 掌握按法兰盘零件的数控铣削加工工艺选择合适的切削用量与机床的方法。

项目描述

图4—1—1所示法兰盘零件为半成品，零件材料为HT200，批量20件。该零件除孔之外其他工序均已按图样技术要求加工好，要求加工孔。试设计该法兰盘零件的数控加工工艺，确定装夹方案，编制加工程序。

1. 分析图4—1—1所示法兰盘加工案例零件图样。
2. 制定图4—1—1所示法兰盘加工案例零件的数控铣削加工工艺。
3. 编制图4—1—1所示法兰盘加工案例零件的数控铣削加工程序。

项目分析

该盘类零件为半成品，零件材料为HT200，小批生产。该零件除孔之外其他工序均已按图样技术要求加工好，要求加工孔。零件安装采用三爪自定心卡盘，利用压板将三爪自定心卡盘安装在工作台面上。

项目知识与技能

一、固定循环指令

1. 固定循环指令的格式及应用

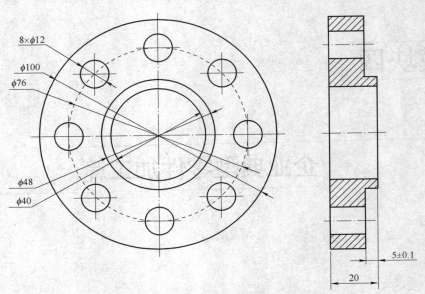

图 4—1—1　法兰盘加工任务图

定义：数控加工中，某些加工动作循环已经典型化。例如，钻孔的动作是孔位平面定位、快速进给、工作进给、快速退回等一系列典型的加工动作，这样就可以预先编好程序，存储在内存中，并可用一个 G 代码程序段调用，称为固定循环，以简化编程。

孔加工通常由下述 6 个动作构成，如图 4—1—2 所示。

（1）X、Y 轴快速定位到孔中心。

（2）Z 轴快速运行到孔上方 R 点。

（3）孔加工。

（4）在孔底的动作。

（5）退回到 R 点。

（6）快速返回到初始点。

2. 固定循环的平面

（1）初始平面。初始平面是为安全进刀切削而规定的一个平面。初始平面到零件表面的距离可以任意设定在一个安全的高度上，如图 4—1—3a 所示。

（2）R 点平面。R 点平面又叫 R 参考平面，这个平面是刀具进刀切削时由快进转为工进的高度平面，距工件表面的距离主要考虑工件表面尺寸的变化，一般可取 2~5 mm，如图 4—1—3b 所示。

（3）孔底平面。加工盲孔时孔底平面就是孔底的 Z 轴高度，加工通孔时一般刀具还要伸长超过工件底平面一段距离，主要是保证全部孔深都加工到尺寸。

3. 高速深孔钻削循环指令

格式：G98/G99 G73 X＿ Y＿ Z＿ R＿ Q＿ F＿ K＿；

功能：在高速深孔钻削循环中，从 R 点到 Z 点的进给是分段来完成的，每段切削进给完成后 Z 轴向上抬起一段距离，然后再进行下一段的切削进给，Z 轴每次向上抬起的距离由参数给定，每次进给的深度由孔加工参数 Q 给定。该固定循环主要用于径深比小的孔（如

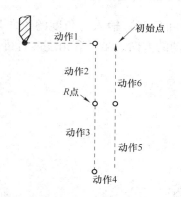

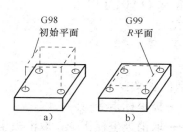

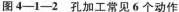

图4—1—2　孔加工常见6个动作　　　图4—1—3　固定循环的平面

　　　　　　　　　　　　　　　　　　　　a）初始平面　b）R平面

$\phi6$ mm，深60 mm）的加工，每段切削进给完成后Z轴抬起的动作起到了断屑的作用。

　　各参数的含义：

　　X、Y——孔中心位置；

　　Z——孔深；

　　R——安全平面高度；

　　Q——每次进给深度；

　　F——进给速度。

　　4. 深孔钻削循环指令

　　格式：G98／G99 G83 X __ Y __ Z __ R __ Q __ F __ K __；

　　功能：和G73指令相似，在G83指令下从R点到Z点的进给也是分段完成；和G73指令不同的是，每段进给完成后，Z轴返回的是R点，然后以快速进给速率运动到距离下一段进给起点上方的位置开始下一段进给运动。

　　各参数的含义：

　　X、Y——孔中心位置；

　　Z——孔深；

　　R——安全平面高度；

　　Q——每次进给深度；

　　F——进给速度。

　　5. G98和G99的使用范围

　　G98和G99两个模态指令控制孔加工循环结束后刀具是返回初始平面还是参考平面，G98返回初始平面，为缺省方式；G99返回参考平面。当使用同一把刀具加工若干个孔时，只有孔间存在着障碍需要跳跃或全部孔加工完成时，刀具返回初始平面使用G98指令。编程时可以采用绝对坐标G90和相对坐标G91编程，建议尽量采用绝对坐标编程。

　　6. G80 取消钻孔循环指令

二、极坐标指令

　　1. 极坐标编程说明

功能：终点的坐标值可以用极坐标（半径和角度）输入。角度的正向是所选平面的第一轴正向的逆时针转向，而负向是沿顺时针转动的方向。半径和角度两者可以用绝对值指令或增量值指令（G90、G91）。

2. 格式

G16　X_　Y_　；

G15；

各参数的含义：

G16——极坐标指令；

G15——取消极坐标指令，取消极坐标方式；

X——极坐标半径；

Y——极坐标角度。

3. 说明

（1）设定工件坐标系零点作为极坐标系的原点。用绝对值编程指令指定半径（零点和编程点之间的距离）。

（2）设定当前位置作为极坐标系的原点。用增量值编程指令指定半径（当前位置和编程点之间的距离）。

（3）用绝对值指令指定角度和半径。X 为半径值；Y 为角度值。

项目实施

一、法兰盘的工艺分析

1. 法兰盘及盘类零件的特点

法兰盘在数控机床里起支承和导向作用，是回转体零件。该零件由外圆、圆孔、端面构成主要表面，组成轮廓的各几何要素关系清楚，条件充分，所需基点坐标容易计算。零件材料为 HT200，切削工艺性较好。

任务要求：加工 $8 \times \phi12$ 孔。

2. 选择机床

机床采用华中数控系统加工中心；加工范围 400 mm×400 mm×500 mm；刀库可容纳 20 把刀；可用于镗、铣、钻、铰、攻螺纹等各种加工。

3. 毛坯准备

零件的材料为 HT200，$\phi100$ mm×20 mm 的圆柱体，表面已加工。

4. 工艺分析

该法兰盘加工案例零件加工顺序按照基面先行、先粗后精的原则确定。由于该零件的其他轮廓在前面工序已加工完成，孔加工的走刀路线如图 4—1—4 所示。

（1）选择刀具。麻花钻是孔加工的主要刀具，根据案例零件结构特点及钻孔，应使钻头直径 D 满足 L/D≤5（L 为钻孔深度）。

（2）选择编程零点。圆形工件一般将工件坐标系的原点选在圆心上。由图样的图形结构，确定 $\phi100$ mm×20 mm 的对称中心及上表面（O 点）为编程原点。

（3）确定装夹方法。利用零件上 $\phi100$ mm 外圆柱面及其下端平面作为定位基准，装夹在三爪自定心卡盘上，并用螺栓压板等将三爪自定心卡盘固定在铣床工作台上。

（4）切削用量的选择

选用 $\phi 12$ mm 高速钢麻花钻（见图4—1—5），根据切削用量表，切削速度选 $v = 20$ m/min。

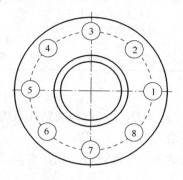

图4—1—4 孔加工的走刀路线

图4—1—5 麻花钻

1）确定主轴转速。由公式 $n = 1\,000\,v/\pi D = 1\,000 \times 20/(3.14 \times 12) \approx 530$ r/min
取 $n = 600$ r/min。

2）确定进给速度。由公式 $f = 0.1n = 0.1 \times 600 = 60$ mm/min
取 $f = 60$ mm/min。

综上，刀具及切削用量见表4—1—1。

表4—1—1　　　　　　　　　　　　刀具及切削用量

刀具名称	刀具规格	主轴转速/（r/min）	进给量/（mm/min）	Z 向下刀量/mm
钻头	$\phi 12$ mm	600	60	15

（5）编写法兰盘加工程序（见表4—1—2）。编程说明：手工编程时应根据加工工艺编制加工的主程序，零件的局部形状由子程序加工。

表4—1—2　　　　　　　　　　加工 $\phi 12$ mm 的孔参考程序

程序号：O4444		
程序段号	程序内容	说明
N10	G00 G54 G90 X0 Y0;	建立工件坐标系，主轴正转
N20	G43 Z100. H01;	建立刀具长度补偿
N30	Z5. S600 M03;	距离工件上表面 5 mm，主轴正转，转速为 600 r/min
N40	G98 G83 G16 X38. Y0 Z-25. R-2. F60;	建立极坐标，钻孔进给速度为 60 mm/min，Z 向深度为 25 mm 钻第一个孔
N50	Y45. ;	钻第二个孔
N60	Y90. ;	钻第三个孔
N70	Y135. ;	钻第四个孔
N80	Y180. ;	钻第五个孔
N90	Y225. ;	钻第六个孔

程序段号	程序内容	说明
N100	Y270.；	钻第七个孔
N110	Y315.；	钻第八个孔
N120	G15；	取消极坐标编程
N130	G00 Z100. M05；	主轴停转
N140	M30；	程序结束

（6）法兰盘加工注意事项

1）钻孔时，不要调整进给修调开关和主轴转速倍率开关，以提高钻孔表面加工质量。

2）麻花钻的垂直进给量不能太大，为平面进给量的 1/4～1/3。

3）孔的正下方不能放置垫铁，并应控制钻头的进刀深度，以免损坏夹具。

项目评价

学生任务完成情况检测评分见表 4—1—3。

表 4—1—3　　　　　　　　　学生任务完成情况检测评分表

班级：_____　姓名：_____　学号：_____　成绩：_____

项目与配分	序号	技术要求	配分	评分标准	检测记录	得分
工件加工评分 （60%）	1	尺寸精度	16	超差 0.01 mm 扣 1 分		
	2	表面粗糙度	16	超差 0.01 mm 扣 1 分		
	3	形状精度	10	超差 0.01 mm 扣 1 分		
	4	表面粗糙度	10	每错一处扣 1 分		
	5	位置精度	8	每错一处扣 1 分		
程序与加工工艺 （20%）	6	程序正确、规范	5	不规范扣 2 分/处		
	7	工件、刀具装夹正确	10	不规范扣 2 分/处		
	8	加工工艺合理	5	不合理扣 2 分/处		
机床操作 （10%）	9	对刀操作正确	5	不规范扣 2 分/处		
	10	机床操作不出错	5	不规范扣 2 分/处		
安全文明生产 （10%）	11	安全操作	5	出错全扣		
	12	机床维护与保养	5	不合格全扣		

学生任务实施过程的小结及反馈：

教师点评：

项目二　箱体加工

项目目标

1. 掌握对工件的装夹。
2. 熟练掌握箱体加工的编程。

项目描述

　　箱体是机器中主要零件之一，是数控加工中常见的一种加工类型，一般起到支承、容纳以及定位的作用，箱体类零件内外比较复杂，其上有相互位置要求较高的孔系和平面。加工中心是一种集铣床、钻床和镗床三种机床的功能于一体的数控机床，特别适宜加工箱体类零件。

项目分析

　　如图 4—2—1 所示，需要将尺寸为 140 mm×80 mm×40 mm 的零件加工成由多个孔系组成的零件，孔与孔之间有位置度要求，零件材料为 45 钢。

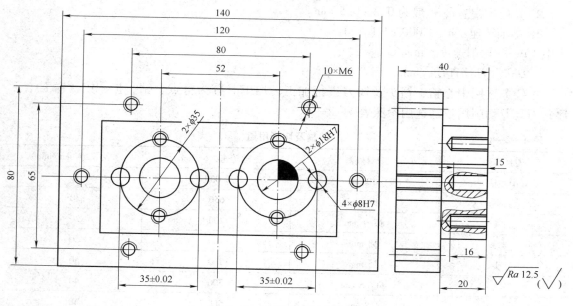

图 4—2—1　箱体加工任务图

项目知识与技能

一、刀具的选择

　　加工销孔和螺纹孔常用刀具为中心钻、钻头、镗刀、铰刀，根据本次加工实例的内容，该零件材料为 45 钢，采用普通高速钢中心钻、钻头及铰刀就可以，这种材料刀具本身韧性较好，可用于钻削普通钢材、不锈钢、尼龙等材料。

二、孔的类型及加工顺序

孔一般包括螺纹孔、销钉孔、沉头孔、螺丝过孔等，销钉孔的位置度和孔径的精度通常比其他孔严格，有的销钉孔和销钉孔及销钉孔和螺纹孔直接有着位置精度要求，有相互位置精度要求的孔的组合，称为孔系，孔系可分为平行孔系、同轴孔系和交叉孔系。为保证其精度首先要钻中心孔然后钻孔、扩孔，最后铰孔，或者钻孔后镗孔。螺纹孔、油孔等次要工序，一般在平面等主要加工表面精加工之后再进行加工。

三、关于切削用量的知识

常用切削用量的计算如下。

1. 进给量：$f = nZt$

式中 n——主轴转速；

Z——铣刀齿数；

t——每齿进给量，mm/min 或者 mm/z。

2. 背吃刀量：a_p 一般为 0.2～0.5 mm。

3. 主轴转速：$n = 1\ 000\ v/\ (\pi D)$

式中 v——切削速度，mm/min；

D——刀具直径，mm。

本任务选用中心钻、钻头及铰刀进行加工，加工时分为打点、钻、扩、铰、镗五个工序，刀具及切削用量的选用参照表4—2—1。

表4—2—1　　　　　　　　　　　　　　　**刀具及切削用量**

刀具名称	刀具规格	主轴转速/（r/min）	进给量/（mm/min）
中心钻	ϕ10 mm	1 000	40
钻头	ϕ7 mm	650	30
钻头	ϕ7.9 mm	200	20
铰刀	ϕ8 mm	100	20
钻头	ϕ5 mm	700	30
钻头	ϕ17.5 mm	300	40
镗刀	ϕ18 mm	500	40

四、固定循环的应用

加工中心通常利用固定循环功能完成孔的加工，固定循环一共包括六个基本动作：刀具快速定位到孔的中心上方；刀具快速进给到工件加工表面的 R 平面；对孔进行加工；孔底动作，如暂停、刀具偏移、主轴准停等；刀具返回到 R 平面；刀具快退到起始位置。

FANUC Series 0i Mate-MD 系统提供了 10 多个 G 代码用于孔的加工，如 G81 钻孔循环、G83 钻深孔循环、G84 攻螺纹循环、G86 镗孔循环等。

固定循环的格式：G98/G99 G81 X_ Y_ Z_ R_ F_ ；

项目实施

一、加工分析

加工箱体时一般尽量集中在一次装夹后中完成尽可能多的加工，以保证其相互位置要求和减少装夹次数。本项目介绍在数控机床上加工销孔和螺纹孔。该零件材料为45钢，工件外形 140 mm ×80 mm ×40 mm 已经到尺寸，只需要加工销孔和螺纹孔，工件的加工任务图已经提出相应的精度和表面粗糙度要求。

二、确定加工方案

1. 工件装夹准备

本项目加工中有 $\phi18$ mm 的销孔，如果采用虎钳装夹容易造成孔的变形，为了保证孔的精度，该工件采用压板装夹，工件下垫起平行垫铁，利用杠杆百分表找正工件的平面度及直线度后利用压板将工件安装。

2. 确定工艺方案及加工路线

（1）选择编程零点。由图样的图形结构，确定 140 mm × 80 mm 的对称中心及上表面（O 点）为编程原点。

（2）选择加工路线

1）使用 $\phi10$ mm 中心钻点窝。

2）使用 $\phi7$ mm 钻头钻 $\phi8$ mm 销孔底孔。

3）使用 $\phi7.9$ mm 钻头扩孔。

4）使用 $\phi8$ mm 铰刀铰孔。

5）使用 $\phi5$ mm 钻头钻 M6 螺纹孔底孔。

6）使用 $\phi17.5$ mm 钻头钻 $\phi18$ mm 销孔底孔。

7）使用 $\phi18$ mm 镗刀镗削 $\phi18$ mm 销孔。

三、编写加工程序

本任务采用手动换刀的加工方法进行编程与加工（编程原点为工件中心位置），按 FANUC Series 0i Mate- MD 系统编程，程序见表4—2—2。

表4—2—2　　　　　　　　　　　　　参考程序

程序号：O1401

程序段号	程序内容	说明
N100	G15 G17 G21 G40 G49 G80;	选择 XY 平面，毫米输入
N110	G91 G28 Z0;	回机床 Z 轴零点
N120	G90 G54 G00 X0 Y0;	NC 快速定位工件 X、Y 原点
N130	S1000 M03;	主轴正转，转速为 1 000 r/min
N140	X-26. Y17.5;	快速移动至首个孔坐标位置
N150	G0 G43 Z100. H01;	建立刀具长度补偿
N160	M08;	切削液开

续表

程序段号	程序内容	说明
N170	G98 G81 X-26. Y17.5 Z-2. R1. F40；	点钻定位第一个孔
N180	X-43.5 Y0；	点钻定位第二个孔
N190	X-26. Y-17.5；	点钻定位第三个孔
N200	X-8.5 Y0；	点钻定位第四个孔
N210	X8.5；	点钻定位第五个孔
N220	X26. Y17.5；	点钻定位第六个孔
N230	X43.5 Y0；	点钻定位第七个孔
N240	X26 Y-17.5；	点钻定位第八个孔
N250	G98 G81 X60. Y0 Z-22. R-19. F40；	点钻定位第九个孔
N260	X40. Y-32.5；	点钻定位第十个孔
N270	X-40.；	点钻定位第十一个孔
N280	X-60. Y0；	点钻定位第十二个孔
N290	X-40. Y32.5；	点钻定位第十三个孔
N300	X40.；	点钻定位第十四个孔
N310	G80；	取消孔加工固定循环指令
N320	G00 Z200.；	抬刀
N330	G00 G49 Z0；	取消刀具长度补偿
N340	M09；	切削液关
N350	M05；	主轴停止
N370	G91 G28 Z0；	回机床Z轴零点
N380	M30；	程序停止

手动更换第二把刀具，换φ7 mm麻花钻，钻孔

程序号：O1402

程序段号	程序内容	说明
N100	G90 G54 S650 M03；	选择工件坐标系，主轴正转，转速为650 r/min
N110	G00 X0 Y0；	快速移动到工件原点
N120	X-43.；	快速移动至首个孔坐标位置
N130	G00 G43 Z100 H02；	建立刀具长度补偿
N140	M08；	切削液开
N150	G98 G81 X-43.5 Y0 Z-18. R1. F30；	钻削第一个孔
N160	X-8.5；	钻削第二个孔
N170	X8.5；	钻削第三个孔
N180	X43.5；	钻削第四个孔
N190	G80；	取消孔加工固定循环指令
N200	G00 Z200.；	抬刀
N210	G00 G49 Z0；	取消长度补偿
N220	M09；	切削液关
N230	M30；	程序结束

手动更换第三把刀具，换 ϕ7.9 mm 麻花钻，扩孔

程序号：O1403

N100	G90 G54 S200 M03；	选择工件坐标系，主轴正转，转速为 200 r/min
N110	G00 X0 Y0；	快速移动到工件原点
N120	X-43.；	快速移动至首个孔坐标位置
N130	G00 G43 Z100 H03；	建立刀具长度补偿
N140	M08；	切削液开
N150	G98 G81 X-43.5 Y0 Z-18. R1. F30；	钻削第一个孔
N160	X-8.5.；	钻削第二个孔
N170	X8.5；	钻削第三个孔
N180	X43.5；	钻削第四个孔
N190	G80；	取消孔加工固定循环指令
N200	G00 Z200.；	抬刀
N210	G00 G49 Z0；	取消长度补偿
N220	M09；	切削液关
N230	M30；	程序结束

手动更换第四把刀具，换 ϕ8 mm 铰刀，铰孔

程序号：O1404

N100	G90 G54 S100 M03；	选择工件坐标系，主轴正转，转速为 100 r/min
N110	G00 X0 Y0；	快速移动到工件原点
N120	X-43.5；	快速移动至首个孔坐标位置
N130	G00 G43 Z100 H04；	建立刀具长度补偿
N140	M08；	切削液开
N150	G98 G81 X-43.5 Y0 Z-15. R1. F20；	铰削第一个孔
N160	X-8.5；	铰削第二个孔
N170	X8.5；	铰削第三个孔
N180	X43.5	铰削第四个孔
N190	G80；	取消孔加工固定循环指令
N200	G00 Z200.；	抬刀
N210	G00 G49 Z0；	取消长度补偿
N220	M09；	切削液关
N230	M30；	程序结束

续表

手动更换第五把刀具，换 φ5 mm 钻头，钻孔

程序号：O1405

N100	G90 G54 S700 M03；	选择工件坐标系，主轴正转，转速为 700 r/min
N110	G00 X0 Y0；	快速移动到工件原点
N120	X-26. Y17.5；	快速移动至首个孔坐标位置
N130	G00 G43 Z100. H05；	建立刀具长度补偿
N140	M08；	切削液开
N150	G98 G81 X-26. Y17.5 Z-20. R1. F30；	钻削第一个孔
N160	Y-17.5；	钻削第二个孔
N170	X26. Y17.5；	钻削第三个孔
N180	Y-17.5；	钻削第四个孔
N190	G98 G81 X60. Y0 Z-20. R-19. F30；	钻削第五个孔
N200	X40. Y-32.5；	钻削第六个孔
N210	X-40.；	钻削第七个孔
N220	X-60. Y0；	钻削第八个孔
N230	X-40. Y32.5；	钻削第九个孔
N240	X40.；	钻削第十个孔
N250	G80；	取消孔加工固定循环指令
N260	G00 Z200.；	抬刀
N270	G00 G49 Z0；	取消长度补偿
N280	M09；	切削液关
N290	M30；	程序结束

手动更换第六把刀具，换 φ17.5 mm 钻头，深孔钻孔

程序号：O1406

N100	G90 G54 S300 M03；	选择工件坐标系，主轴正转，转速为 300 r/min
N110	G00 X0 Y0；	快速移动到工件原点
N120	X-26.；	快速移动至首个孔坐标位置
N130	G00 G43 Z100. H06；	建立刀具长度补偿
N140	M08；	切削液开
N150	G98 G83 X-26. Y0 Z-45. R1. Q-4. K1 F40；	钻削第一个孔
N160	X26.；	钻削第二个孔
N170	G80；	取消孔加工固定循环指令
N180	G00 Z200.；	抬刀
N190	G00 G49 Z0；	取消长度补偿
N200	M09；	切削液关
N210	M30；	程序结束

续表

手动更换第七把刀具，换 ϕ18 mm 镗刀，镗孔

程序号：O1407

N100	G90 G54 S500 M03；	选择工件坐标系，主轴正转，转速为 500 r/min
N110	G00 X0 Y0；	快速移动到工件原点
N120	X-26. ；	快速移动至首个孔坐标位置
N130	G00 G43 Z100. H07；	建立刀具长度补偿
N140	M08；	切削液开
N150	G98 G86 X-26. Y0 Z-41. R1. F40；	镗削第一个孔
N160	X26.	镗削第二个孔
N170	G80；	取消孔加工固定循环指令
N180	G00 Z200. ；	抬刀
N190	G00 G49 Z0；	取消长度补偿
N200	M09；	切削液关
N210	M30；	程序结束

四、加工工件

1. 打开机床电源开关

2. 机床回参考点

3. 工件装夹

选用压板正确装夹工件，使用百分表找正工件。

4. 对刀

（1）x 轴采用分中法对刀。

（2）y 轴采用分中法对刀。

（3）z 轴采用对刀仪对刀。

（4）将 x、y、z 数值输入到机床的自动坐标系 G54 中。

5. 程序输入

将已经编好的程序输入到机床中（详见程序输入）。

6. 程序校验

（1）打开要加工的程序。

（2）按下机床控制面板上的"自动"键，进入程序运行方式。

（3）在程序运行菜单下，按"程序校验"按键，按"循环启动"按键，校验开始。

如果程序正确，显示窗口会显示出正确的轮廓轨迹及走刀线路，校验完成后，光标将返回到程序头。

7. 自动加工

（1）选择并打开零件加工程序，设定刀补值。

（2）按下机床控制面板上的"自动"按键（指示灯亮），进入程序运行方式。

（3）按下机床控制面板上的"循环启动"按键（指示灯亮），机床开始自动运行当前的加工程序。

8. 操作提示

操作过程中，每一次换刀都要进行一次对刀和设定工件坐标系。通常情况下，XY 平面内的工件坐标系不变，只需对刀设定 Z 轴方向的坐标系即可。

项目评价

学生任务完成情况检测评分见表 4—2—3。

表 4—2—3 学生任务完成情况检测评分表

班级：_____ 姓名：_____ 学号：_____ 成绩：_____

项目与配分	序号	技术要求	配分	评分标准	检测记录	得分
工件加工评分（60%）	1	$\phi18$ mm	8	超差 0.01 mm 扣 1 分		
	2	$\phi8$ mm	8	超差 0.01 mm 扣 1 分		
	3	M6	7	超差 0.1 mm 扣 1 分		
	4	35 mm	$2×8$	超差 0.01 mm 扣 1 分		
	5	$\phi18$ mm 的表面粗糙度	7	每错一处扣 1 分		
	6	$\phi8$ mm 的表面粗糙度	7	每错一处扣 1 分		
	7	一般尺寸	7	每错一处扣 1 分		
程序与加工工艺（20%）	8	程序正确、规范	5	不规范扣 2 分/处		
	9	工件、刀具装夹正确	10	不规范扣 2 分/处		
	10	加工工艺合理	5	不合理扣 2 分/处		
机床操作（10%）	11	对刀操作正确	5	不规范扣 2 分/处		
	12	机床操作不出错	5	不规范扣 2 分/处		
安全文明生产（10%）	13	安全操作	5	出错全扣		
	14	机床维护与保养	5	不合格全扣		

学生任务实施过程的小结及反馈：

教师点评：

项目三 凸轮加工

项目目标

1. 熟悉凸轮类零件加工技巧及程序编写。

2. 掌握程序编写时刀具半径补偿的使用。

项目描述

凸轮是一个具有曲线轮廓或凹槽的构件。凸轮通常做连续等速转动，从动件根据使用要求设计使它获得一定规律的运动。凸轮机构能实现复杂的运动要求，广泛用于各种自动化和半自动化机械装置中。

在一已加工好的凸轮零件毛坯上加工凸轮槽，如图4—3—1所示。

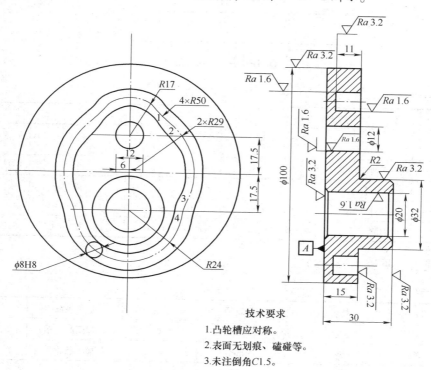

技术要求

1.凸轮槽应对称。

2.表面无划痕、磕碰等。

3.未注倒角C1.5。

坐标点

1 (13.3 46.21)	2 (19.28 39.29)
3 (23.08 7.65)	4 (23.6 -4.39)

图4—3—1 平面槽形凸轮简图

项目分析

凸轮加工时，安装是保证凸轮精度的关键，一般大型凸轮可用等高垫块垫在工作台上，然后用压板螺栓在凸轮的孔上压紧。外轮廓平面盘形凸轮的垫块要小于凸轮的轮廓尺寸，不与铣刀发生干涉。对小型凸轮，一般用心轴定位、压紧即可。这样采用一面两心轴的定位夹具（见图4—3—2）可一次找正后进行加工，无须多次找正零件，方便操作者的安装与操作，同时减轻了劳动者的劳动强度。

项目知识与技能

一、铣凸轮工具、量具、刀具及工序、切削用量的选择

1. 工、量具清单（见表4—3—1）

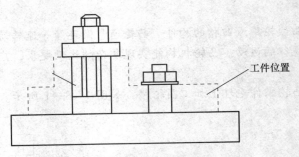

图 4—3—2　夹具简图

表 4—3—1　　　　　　　　　　　　　　工、量具清单

工、量、刃具清单				图号		
种类	序号	名称	规格	精度	单位	数量
工具	1	一面两心轴夹具			个	1
	2	活扳手			副	1
量具	1	游标卡尺	0～150 mm	0.02 mm	把	1
	2	内测千分尺	5～25 mm	0.01 mm	把	1

2. 刀具表（见表 4—3—2）

表 4—3—2　　　　　　　　　　　　　　刀具表

序号	刀具号	刀具名称	刀具直径	数量	加工表面	备注
1	T01	立铣刀	ϕ6 mm	1	粗加工凸轮槽	
2	T02	立铣刀	ϕ6 mm	1	精加工凸轮槽	

3. 工序、切削用量表（见表 4—3—3）

表 4—3—3　　　　　　　　　　　　　　工序、切削用量表

材料	45 钢	零件图号		系统		工序号	
程序名		机床设备		夹具名称		四爪单动卡盘	
操作序号	工步内容 （走刀路线）	G 功能	T 刀具	切削用量			
				转速 n/ （r/min）	进给量 f/ （mm/r）	背吃刀量 a_p/mm	
1	粗铣凸轮槽	G02、G03	T01	800	100	1	
2	精铣凸轮槽	G02、G03	T02	1000	400	0.5	

二、程序编制及 G41 \ G42 半径补偿的应用

在加工时，在确定下刀位置后下刀加工零件。在沿所加工轮廓的中心线用 ϕ6 mm 立铣刀加工一圈后，每边所剩加工余量为 1 mm。图样要求尺寸为 ϕ8H8，再次加工时，所加刀具半径补偿为 0.8 mm，且左右刀具半径补偿相同对称加工，以确保中心线的位置不变。在半

精加工后，测量尺寸以确定精加工时刀具半径补偿值，以确保加工尺寸符合尺寸要求。

项目实施

一、平面凸轮零件的数控铣削加工工艺

平面凸轮零件是数控铣削加工中常见的零件之一，其轮廓曲线组成多为直线—圆弧、圆弧—圆弧、圆弧—非圆曲线等几种形式。一般数控机床多为两轴以上联动的数控铣床，加工工艺过程基本相同。下面以图4—3—1所示的平面槽形凸轮为例分析其数控铣削加工工艺。

1. 零件图样工艺分析

图样工艺分析主要分析凸轮轮廓形状、尺寸和技术要求、定位基准及毛坯等。

本任务零件（见图4—3—1）是一种平面槽形凸轮，其轮廓由四段圆弧和四段过渡圆弧所组成，需用两轴联动的数控铣床加工。材料为铸铁，切削加工性较好。

该零件在数控铣削加工前，是一个经过加工、含有两个基准孔、直径为100 mm、厚度为30 mm带凸台的圆盘。圆盘底面 A 及 ϕ20 mm 和 ϕ12 mm 两孔可用作定位基准，无须另做工艺孔定位。

组成凸轮槽的几何元素之间关系清楚，条件充分，编程时可按给定的坐标点进行程序编制。

凸轮槽内外轮廓面对 A 面有垂直度要求，只要提高装夹精度，使 A 面与铣刀轴线垂直，即可保证；ϕ20 mm 的孔对 A 面的垂直度要求已由前面工序保证。

2. 确定装夹方案

采用一面两孔定位方式，如图4—3—3所示。

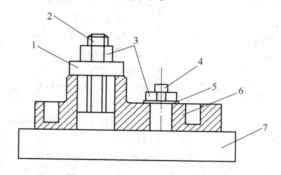

图4—3—3　凸轮装夹示意图

1—开口垫圈　2—带螺纹圆柱销　3—压紧螺母

4—带螺纹削边销　5—垫圈　6—工件　7—垫块

3. 确定进给路线

进给路线包括平面内进给和深度进给两部分。在平面内进给时，对外凸轮廓从切线方向切入，对内凹轮廓从过渡圆弧切入。在两轴联动的数控铣床上，对铣削平面槽形凸轮，深度进给有两种方法：一种方法是在 XZ（或 YZ）平面内来回铣削逐渐进刀到既定深度；另一种方法是先打一个工艺孔，然后从工艺孔进刀刀到既定深度。

本任务进刀点选在 P（0，34.5），刀具逐渐加深铣削深度，当达到既定深度后，刀具在 XY 平面内运动，铣削凸轮轮廓。为保证凸轮的工作表面有较好的表面质量，采用顺铣方式，

即从 P（0，34.5）开始，对凸轮廓中心进行铣削，半精铣和精铣时，外凸轮廓按顺时针方向铣削，内凸轮廓按逆时针方向铣削，这样可以确保凸轮廓的加工精度。

4. 选择刀具及切削用量

铣刀材料和几何参数主要根据零件材料切削加工性、工件表面几何形状和尺寸大小选择；切削用量依据零件材料特点、刀具性能及加工精度要求确定。通常为提高切削效率要尽量选用大直径的铣刀；侧吃到量取刀具直径的 1/3 ~ 1/2，背吃刀量应大于冷硬层厚度；切削速度和进给速度应通过试验选取生产效率和刀具使用寿命的综合最佳值，精铣时切削速度应高一些。

本任务零件材料（铸铁）属于一般材料，切削加工性较好，选用 $\phi6$ mm 硬质合金立铣刀，主轴转速取 900 ~ 2 000 r/min，进给速度取 100 ~ 200 mm/min。槽深 11 mm，铣削余量分 4 次完成，每次深 2.5 mm，剩下的 1 mm 随轮廓精铣一起完成。凸轮槽两侧面各留 1 mm 的半精铣余量，在精铣前，进行半精铣加工，去除侧面及底面余量，为精细留 0.2 mm 的精铣余量。同时，在半精铣进给完成之后，检测零件几何尺寸，依据检测结果决定进刀深度和刀具半径偏置量，分别对凸轮槽两侧面精铣，达到图样要求的尺寸。

二、加工参考程序（见表 4—3—4）

表 4—3—4　　　　　　　　　　　　　加工程序表

凸轮槽粗加工（主程序）使用 $\phi6$ mm 立铣刀　　D01 = 0		
	O0001；	
N10	G54 G00 G90 X0 Y0 Z100；	定位（X0、Y0、Z100）
N20	S2000 M03；	主轴正转，转速为 2 000 r/min
N30	G41 X13.3 Y46.21 D01；	刀具移动到（X13.3，Y46.21），加刀具半径补偿值 D01
N40	Z5；	Z 轴下降到 Z5
N50	G01 Z-15 F100；	刀具切入零件到 Z-15
N60	M98 P100 L11；	调用子程序，调用次数为 11 次
N70	G00 Z100；	提刀到 Z100
N80	G40 X0 Y0；	刀具返回到（X0，Y0）并取消刀补
N90	M05；	主轴停转
N100	M30；	程序结束并返回程序开始
凸轮槽精加工（主程序）使用 $\phi6$ mm 立铣刀　　D02 = 1		
	O0002；	
N110	G54 G00 G90 X0 Y0 Z100；	定位（X0，Y0，Z100）
N120	S2000 M03；	主轴正转，转速为 2 000 r/min
N130	G41 X13.3 Y46.21 D02；	刀具移动到（X13.3，Y46.21）加刀具半径补偿值 D02
N140	Z5；	Z 轴下降到 Z5
N150	G01 Z-15 F100；	刀具切入零件到 Z-15
N160	M98 P100 L11；	调用子程序，调用次数为 11 次
N170	G00 Z100；	提刀到 Z100
N180	G40 X0 Y0；	刀具返回到（X0，Y0）并取消刀补
N190	M05；	主轴停转
N200	M30；	程序结束并返回程序开始

续表

凸轮槽精加工（主程序）使用 φ6 mm 立铣刀　D03 = − 1

	O0003；	
N210	G54 G00 G90 X0 Y0 Z100；	定位（X0，Y0，Z100）
N220	S2000 M03；	主轴正转，转速为 2 000 r/min
N230	G41 X13.3 Y46.21 D03；	刀具移动到（X13.3，Y46.21）加刀具半径补偿值 D03
N240	Z5；	Z 轴下降到 Z5
N250	G01 Z-15 F100；	刀具切入零件到 Z-15
N260	M98 P100 L11；	调用子程序，调用次数为 11 次
N270	G00 Z100；	提刀到 Z100
N280	G40 X0 Y0；	刀具返回到（X0，Y0）并取消刀补
N290	M05；	主轴停转
N300	M30；	程序结束并返回程序开始

凸轮槽（子程序）使用 φ6 mm 立铣刀

	O100；	
N310	G91 G01 Z-1 F100；	使用相对坐标 Z 轴下降 −1 mm，进给速度为 100 mm/min
N320	G90 G03 X19.28 Y39.29 R50；	使用绝对坐标，逆时针圆弧加工到点（X19.28，Y39.29），半径为 50 mm
N330	G02 X23.08 Y7.65 R29；	顺时针圆弧加工到点（X23.08，Y7.65），半径为 29 mm
N340	G03 X23.6 Y-4.39 R50；	逆时针圆弧加工到点（X23.6，Y-4.39），半径为 50 mm
N350	G02 X-23.6 R24；	顺时针圆弧加工到点（X-23.6，Y-4.39），半径为 24 mm
N360	G03 X-23.08 Y7.65 R50；	逆时针圆弧加工到点（X-23.08，Y7.65），半径为 50 mm
N370	G02 X-19.28 Y39.29 R29；	顺时针圆弧加工到点（X-19.28，Y39.29），半径为 29 mm
N380	G03 X-13.3 Y46.21 R50；	逆时针圆弧加工到点（X-13.3，Y46.21），半径为 50 mm
N390	G02 X13.3 R17；	顺时针圆弧加工到点（X13.3，Y46.21），半径为 17 mm
N400	M99；	子程序结束

项目四　四轴孔类加工

项目目标

1. 掌握三爪自定心卡盘装夹找正及工件的装夹找正。

2. 熟练掌握四轴孔类零件加工的编程。

3. 熟悉四轴孔类零件加工的方法和思路。

项目描述

在各种机械产品中，四轴加工是数控加工中常见的一种回转体轮廓加工，四轴加工是在三轴的基础上加上一个回转轴，因此，四轴加工可以加工具有回转轴的零件或沿某一轴四周需要加工的零件。CNC 机床中的第四轴可以是绕 X、Y 或 Z 轴旋转的任意一个轴，通常是用 A、B 或 C 表示，具体是哪根轴是根据机床的配置来定的。

四轴机床只提供绕 A 轴或 B 轴产生刀具路径的功能，当机床是具有 C 轴的四轴 CNC 机床时，可以用绕 A 轴或 B 轴产生四轴刀具路径的方法和操作步骤。

本章将以一个实例介绍典型四轴加工零件的设计方法，说明绕 A 或 B 轴产生四轴粗加工和精加工刀具路径的方法和操作步骤，此实例为某公司的实际加工零件。

在各种机械产品中，孔是最常见的一种加工要素。对于有些零部件来说，孔的加工质量直接影响着机械产品的最终使用效果。本项目介绍在四轴加工中心上加工各种形式的孔，主要内容如下。

1. 四轴孔加工的基本方法。

2. 四轴孔加工的指令 G81。

3. A 轴旋转孔的加工方法。

项目知识与技能

试在数控机床上完成图 4—4—1 所示孔的加工。其中零件材料为 45 钢，生产类型为单件小批量生产。

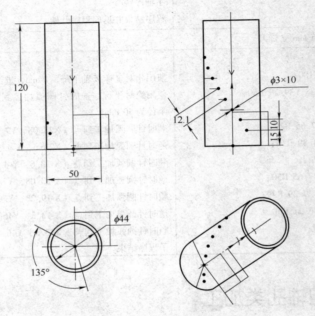

图 4—4—1　零件平面图

一、图样分析

零件立体图（见图 4—4—2）为一圆柱体，其外径为 50mm，内径为 44 mm，圆柱体的高为 120 mm，所要打孔的孔径为 3 mm，孔深为 3 mm，个数为 10 个。

根据所给图样可以看出这 10 个孔是均匀分布在这个圆柱体的表面上的，首先要确定其 X、Y 的坐标值和在圆柱体表面所旋转的角度。根据图中的已知条件可以计算出第一个孔所在的位置相对于基准面旋转了 135°，点所在的 X、Y 坐标为（15，0）。两个邻近的孔之间所旋转的角度为 13.5°，两孔之间的 X 向距离为 10 mm。通过分析可知在编程时选择相对坐标系更加方便。

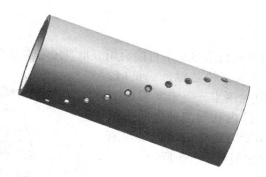

图4—4—2 零件立体图

二、坐标确定

工件坐标确定（见图4—4—3）：坐标是在工件一端的第一个孔的位置，为工件零点，X 向是孔中心，Y 向是工件中心，Z 向是工件表面。

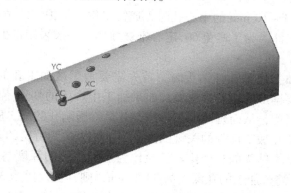

图4—4—3 坐标确定

三、选择毛坯

零件已经完成了基本的内外轮廓的加工，只需要在零件上进行打孔加工即可。所需进行孔加工的零件如4—4—4所示。圆柱体的高为150 mm，在打孔完成后再将圆柱体的底部在车床上进行车断即可得到所需的零件。

图4—4—4 零件毛坯图

四、夹具设计

在实际加工中，已没有夹持余量，不可能再用三爪自定心卡盘夹持外圆的方法加工，但可设计一阶梯芯轴，用三爪夹持芯轴，找正后，把毛坯套入芯轴，并用顶尖顶牢，由于实际加工过程中，切削力很小，零件内孔与芯轴之间为精密配合，顶尖顶牢后，预紧力完全满足加工切削力的要求。装夹方案设计如图4—4—5所示。

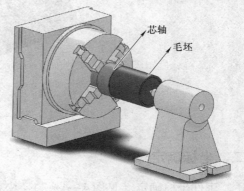

芯轴
毛坯

图 4—4—5 装夹方案设计

五、刀具选择及切削用量

1. 中心钻

中心钻用于孔加工的预制精确定位，引导麻花钻进行孔加工，减少误差。AB 中心钻有二种型式：A 型为不带护锥的中心钻；B 型为带护锥的中心钻。加工直径 $d = 1 \sim 10$ mm 的中心孔时，通常采用不带护锥的中心钻（A 型）；工序较长、精度要求较高的工件，为了避免60°定心锥被损坏，一般采用带护锥的中心锥（B 型）。

2. 麻花钻

为某一特定的孔加工任务选择钻头时，首先需要考虑被加工孔的深度，被加工的孔越深，则加工过程中需要排出的切屑量越大，如果加工中产生的切屑不能及时、有效地排出，则可能阻塞钻头的排屑槽，从而延缓加工进程，并最终影响孔的加工质量。因此，有效排屑是成功完成任何材料的孔加工任务的关键因素。当工艺人员为特定的孔加工任务选择最合适的钻头类型时，需要计算钻头的长径比。长径比为被加工孔的深度与钻头直径之比，例如，钻头直径为12.7mm，需要加工的孔深度为38.1 mm，则其长径比为3:1。当长径比约为4:1或更小时，大多数标准麻花钻头的排屑槽均能较顺利地排出钻头切削刃切除的切屑。而当长径比超出上述范围时，则需采用专门设计的深孔钻头才能实现有效的加工。

本任务均选用高速钢刀具材料，刀具及切削用量的选用参照表4—4—1。

表 4—4—1   **刀具及切削用量的选用**

刀具名称	刀具规格	切削速度/（r/min）	进给量/（mm/min）	背吃刀量/mm
中心钻	A1 mm	1 000	100	1.25
标准麻花钻	φ3 mm	900	150	4.5

六、相关知识

四轴机床与三轴机床的区别只是在三轴的基础上增加了一个 A 轴（也就是第四轴），在编程的基本指令上与三轴机床的差别不大，只需在所编程序中给出所需要旋转的角度即可。

1. 三轴数控机床钻孔循环指令 G81

该循环用作正常钻孔。切削进给执行到孔底，执行暂停，然后，刀具从孔底快速移动退回。

（1）指令格式：G81 X_ Y_ Z_ R_ L_ F_ ；

说明：

X_ Y_ ——孔位数据，mm；

Z ——孔底的位置，mm；

R——R 点位置，mm；

L——重复次数（若需要可设置）；

F——切削进给速度，mm/min。

三轴数控机床 G81 指令动作如图 4—4—6 所示。

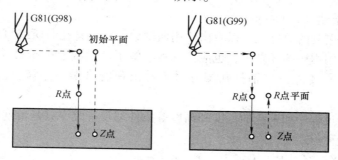

图 4—4—6 G81 指令动作图

（2）固定循环平面

1）初始平面。初始平面是为了安全下刀而规定的一个平面。初始平面高度可根据加工需要设置，保证刀具在初始平面内的任意移动都不会与工件凸台、夹具等发生干涉，一般设为 100 mm。

2）安全平面。安全平面又叫 R 平面，这个平面是刀具下刀时，由快速进给转化为切削进给的高度平面。一般设为 2~5 mm。

3）Z 点平面。加工不通孔时，Z 点平面就是孔底的 Z 轴高度。而加工通孔时除要考虑 Z 点平面位置外，还要考虑刀具的超越量，以保证所有孔深都加工到尺寸要求。钻通孔时，钻头的超越量一般取大于 $0.3D + (1~3)$ mm，D 为钻头直径。

（3）刀具做如下运动

1）预运动，沿着 X 轴和 Y 轴定位，A 轴旋转回到预设位置。

2）快速移动到 R 点；A 轴旋转到规定角度。

3）Z 轴以当前进给速率继续向下到加工深度，或者加工到位置 Z，取二者中浅的位置。

4）快速退回到 R 点。

5）A 轴快速旋转到下一角度点的位置；Z 轴、Y 轴移动到下一位置，并进行加工。

6）重复步骤 2、3、4、5，直至达到加工孔结束。

7）快速退回到退出点。

2. 四轴数控机床钻孔循环指令 G81

指令格式：G81 X_ Y_ Z_ R_ L_ F_ ；

G81 指令常用于钻中心孔或普通钻孔的加工。

由上可以总结出使用四轴数控机床打孔时所编写程序的基本格式：

A_ ；

G81/G83 X_ Y_ Z_ R_ Q_ L_ F_ ；

参数说明：

A_ ——相对于基准面所旋转的角度；

X_ Y_ ——孔位数据，mm；

Z——孔底的位置，mm；

R——R 点位置，mm；

L——重复次数（若需要可设置）；

F——切削进给速度，mm/min。

通过上面两道例题的对比就可以看出使用四轴数控机床打孔时所编写的程序与使用三轴数控机床打孔时所用程序的区别了，也应该基本了解了四轴数控机床打孔手工编程的格式，在编程过程中除了需要注意三轴打孔编程时容易出现的错误外还需要注意的事项有以下几点。

（1）加工孔的过程中如果孔的深度和高度等条件都没有改变只是角度发生了变化，可以将打孔程序写成这种形式：

G81/G83 X_ Y_ Z_ R_ Q_ L_ F_ ；

A_ ；

A_ ；

……

（2）注意安全平面的设定一定要保证一定的高度，如果安全平面设置过低在零件旋转过程中可能会发生撞刀。

（3）要注意旋转角度 A 的正负问题。

（4）在有些四轴数控加工中心中出现的第四轴是 B 轴而不是 A 轴，在编程时将 A 改为 B 即可。

（5）加工完毕后最好将机床旋转回初始位置，以便下一次操作。

3. 四轴数控加工中心打孔程序编写

在四轴数控加工中心中打孔程序除了使用手工编写钻孔循环指令外还可以使用宏程序来进行编写，也可以使用各种编程软件来进行程序的编辑。程序刀路如图 4—4—7 所示。

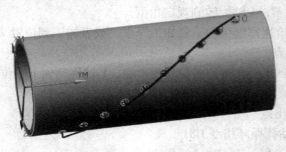

图 4—4—7　程序刀路

七、程序编写（见表4—4—2）

表4—4—2 加工程序

程序号：O01

程序段号	程序内容	说明
N10	％O01	主程序名
N20	G28 G00 Z0. ；	主轴回到换刀位置
N30	M6 T1；	调取刀库1号刀（中心钻）
N40	G90 G54 G00 X0. Y0. Z100. A0. ；	程序开始，刀具移动到G54坐标系X、Y零位
N50	G5.1 Q1；	
N60	M3 S1000；	主轴正转，转速为1 000 r/min
N70	G00 Z5. M8；	刀具移动到安全平面，打开切削液
N80	M98 P002 L1；	调用子程序002（孔坐标定位）
N90	G90 G00 Z100. G80；	刀具Z向移动100 mm高
N100	G28 G00 Z0. ；	换刀准备
N110	M6 T2；	调用2号刀具（钻头）
N120	G90 G55 G0 X0. Y0. Z100. A0. ；	调用G55坐标，A轴回零，Z、Y移动到零位
N130	G5.1 Q1；	
N140	M3 S900；	主轴正转，转速为900 r/min
N150	Z5. M08；	刀具移动到安全平面，打开切削液
N160	M98 P003 L1；	调用子程序003（打孔）
N170	G90 G00 Z100. G80；	刀具移到Z100高度
N180	M30；	程序结束
子程序		
N220	％002	子程序程序号
N230	G91 G98 G81 X0 Y0 Z-2 R3 F100；	相对值编写G81点定位固定循环
N240	G91 X10. A13.5 L9；	孔的距离与角度
N250	M99；	子程序结束
子程序		
N220	％003	子程序程序号
N230	G91 G98 G81 X0 Y0 Z-5 R3 F100；	相对值编写程序打孔，深度为5 mm
N240	G91 X10. A13.5 L9；	孔的距离与角度
N250	M99；	子程序结束

提示：

在操作过程中要注意上面所提到的四轴数控机床编程时的注意事项。

项目五　四轴槽类加工

项目目标

1. 掌握三爪自定心卡盘装夹找正及工件的装夹找正。
2. 熟练掌握四轴槽类零件加工的编程。
3. 熟悉四轴槽类零件加工的方法和思路。

项目描述

本项目将以一个实例介绍典型四轴加工槽类零件的设计方法，说明绕 A 或 B 轴产生四轴粗加工和精加工刀具路径的方法和操作步骤，此实例为某公司的实际加工零件。

在各种机械产品中，螺旋槽是很常见的一种加工要素。对于有些零部件来说，螺旋槽的加工质量直接影响着机械产品的最终使用效果。本项目介绍在四轴加工中心上加工各种形式的槽，主要内容如下。

1. 四轴槽加工的基本方法。

2. 四轴槽加工的指令 G01、G00、A。

3. A 轴旋转槽的加工方法。

项目知识与技能

试在数控机床上完成图 4—5—1 所示螺旋槽的加工。其中零件材料为 45 钢，生产类型为单件小批量生产。

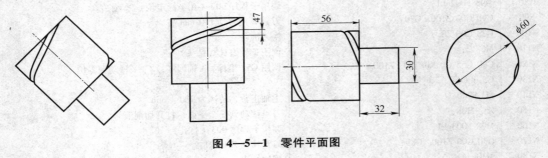

图 4—5—1　零件平面图

一、图样分析

该图为一圆柱体，其大端直径为 60 mm，小端直径为 30 mm，小圆柱为工艺台，圆柱体的高为 56 mm，小圆柱体长度 32 mm，所要加工的是螺旋圆槽，圆槽半径 3 mm，孔深为 3 mm，一个整圆旋转一周。

根据所给图样可以看出这是一个圆螺旋槽在圆柱体的表面上旋转一周，首先要确定其 X、Y 的坐标值和在圆柱体表面所旋转的角度。根据图中的已知条件可以计算出工件坐标所在的位置相对于基准面旋转了 360°，起点所在的 X、Y 坐标为 (0，0)。两个出口都没有超出 360°，两螺旋槽口之间的 X 向距离是 76 mm。通过分析可知在编程时选择相对坐标系更加方便。

二、确定坐标

确定工件的加工坐标：大端直径为 60 mm 的一端，X 向大端寻单边，Y 向工件分中，Z 向工件中心。如图 4—5—2 所示。

三、选择毛坯

零件已经完成了基本的内外轮廓的加工，只需要在零件上进行螺旋圆槽加工即可。所需进行圆槽加工的零件如图 4—5—3 所示。圆柱体的高为 65 mm，工艺台长度 32 mm，在铣圆槽完成后再将圆柱体的底部在车床上进行车断即可得到所需的零件。

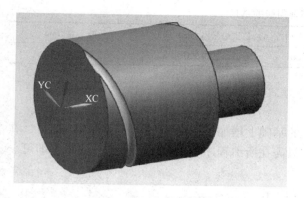

图4—5—2 确定坐标

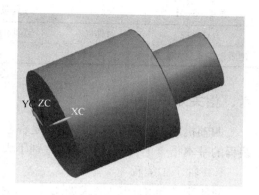

图4—5—3 零件图

四、夹具设计

在实际加工中，已没有夹持余量，不可能再用三爪自定心卡盘夹持外圆的方法加工，但可设计一阶工艺台，用三爪夹持工艺台，找正后，并用顶尖顶牢，由于实际加工过程中，切削力很小，零件内孔与芯轴之间为精密配合，顶尖顶牢后，预紧力完全满足加工切削力的要求。装夹方案设计如图4—5—4所示。

五、刀具选择及切削用量

硬质合金铣刀具有高硬度、高耐磨性、高的红硬性、高的热稳定性和抗氧化性，适用于各种高速切削刀具，各种高温下工作的耐磨件，如热拉丝模等。

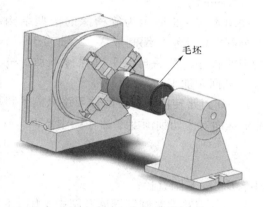

毛坯

图4—5—4 装夹方案设计

球头立铣刀是数控机床上加工复杂曲面的一种比较合理的新型结构刀具，它也是复杂三维曲面精加工中所用到的重要刀具之一，其独特的刃形（S形、螺旋形）使得球头立铣刀的加工精度高，刀具使用寿命长，并且可以轴向进刀，它满足了对复杂空间曲面自动加工的需要。在模具制造、汽车制造、航天航空、电子通信产品制造等行业有着广泛的应用。资料表明，在模具加工中，球头立铣刀的加工量占全部加工量的70%～80%，随着数控机床在我国制造业的普及，球头立铣刀的需求量越来越大，目前国内的消耗量估计在150万只以上。因此，球头立铣刀的生产具有广阔的市场前景。

球头立铣刀的制造一般都是采用磨制加工，其刃磨是球头立铣刀生产中的一个非常关键的工序。目前国内采用的刃磨方法主要有两类：一类是采用简单的刃磨设备进行刃磨，这种方法不能刃磨出球头立铣刀所需的结构参数，用其加工的产品精度和质量较差，因此球头立铣刀的使用场合受到限制；另一类采用进口昂贵的五轴四联动刃磨机床进行刃磨。

本任务均选用合金刀具材料，刀具及切削用量的选用见表4—5—1。

表 4—5—1　　　　　　　　　　　　刀具及切削用量的选用

刀具名称	刀具规格	切削速度/（r/min）	进给量/（mm/min）	背吃刀量/mm
硬质合金球头立铣刀	D6R3	4 500	1 000	1.00

六、相关知识

四轴机床与三轴机床的区别只是在三轴的基础上增加了一个 A 轴（也就是第四轴），在编程的基本指令上与三轴机床的差别不大，只需在所编程序中给出所需要旋转的角度即可。

1. A 轴手工编程

对于带 A 轴的四轴立式加工中心，可以用来加工圆周面上的螺旋槽等零件。

指令格式：G01 X_ Y_ Z_ A_ F_ ；

X_ 、Y_ 、Z_ 为目标点坐标；F_ 为进给速度；A_ 为旋转轴坐标值，G94 时的进给速度为度每分（°/min）。

如图 4—5—5 所示为等槽深的槽型结构，可以按展开图中所示，编制成 X、Y 轴的 3D 岛屿挖槽的刀路程序，然后再以 Y 轴保持不动，将其转换成 A 轴回转加工的刀路程序。

从 3D 刀路转换到回转四轴刀路只需要将所有

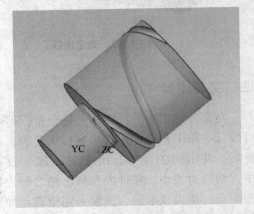

图 4—5—5　螺旋槽

Y 轴坐标向对应切削深度基圆（图中 φ20）圆周上进行包络换算即可。换算公式如下：

$$A_n = \frac{360 \times Y_n}{\pi \times D}$$

式中　D——基圆直径；

　　　Y_n——刀路在基圆圆周展开图中 Y 轴上的移动距离；

　　　A_n——回转角度。

如图 4—5—5 所示，材料为 45 钢，铣刀材料为硬质合金，刀具直径为 6 mm，槽深为 3 mm。编制零件环形槽的加工程序。

2. 固定循环平面

（1）初始平面。初始平面是为了安全下刀而规定的一个平面。初始平面高度可根据加工需要设置，保证刀具在初始平面内的任意移动都不会与工件凸台、夹具等发生干涉，一般设为 100 mm。

（2）安全平面。安全平面又叫安全高度，这个平面是刀具下刀时，由快速进给转化为切削进给的高度平面。一般设为 2~5 mm。

（3）刀具做如下运动

1）预运动，沿着 X 轴和 Y 轴定位，A 轴旋转回到预设位置。

2）快速移动到安全高度；A 轴旋转到规定角度。

3）Z 轴下降到指定深度。

4）X轴、A轴同时移动，Y轴不移动。

5）Z轴抬起。

6）快速退回到安全点。

七、注意事项

1. 安全平面的设定一定要保证一定的高度，如果安全平面设置过低在零件旋转过程中可能会发生撞刀。

2. 旋转角度 A 的正负问题。

3. 在有些四轴数控加工中心中出现的第四轴是 B 轴而不是 A 轴，在编程时将 A 改为 B 即可。

4. 加工完毕后最好将机床旋转回初始位置，以便下一次操作。

八、程序编写

在四轴数控加工中心中铣圆弧螺旋槽程序除了使用手工编写外还可以使用宏程序来进行编写，也可以使用各种编程软件来进行程序的编辑，程序刀路如图 4—5—6 所示。加工程序见表 4—5—2

图 4—5—6　程序刀路

表 4—5—2　　　　　　加工程序

程序号：O01

程序段号	程序内容	说明
N10	% O01	主程序名
N20	G28 G0 Z0. ;	主轴回到换刀位置
N30	M6 T1 ;	调取刀库 1 号刀（中心钻）
N40	G90 G54 G0 X0. Y0. Z100. A0. ;	程序开始，刀具移动到 G54 坐标系 X、Y、零位
N50	G5. 1 Q1 ;	
N60	M3 S1000 ;	主轴正转，转速为 1000 r/min
N70	G0 Z40. M8 ;	刀具移动到安全平面，打开切削液
N80	M98 P002 L3 ;	调用子程序 002（三次）
N90	G90 G0 Z100. G80 ;	刀具 Z 向移动 100 mm 高
N100	M30 ;	程序结束

子程序

N220	%002	子程序程序号
N230	G90 G0 Z40. A0. ;	A 轴回零，Z 轴接近工件
N240	Z30. ;	
N250	G91 G01 X0 Y0 Z-1 F200 ;	相对值编写 G01 下刀深度 1 mm
N260	M98 P003 L1 ;	调用子程序 003 一次
N270	M99 ;	子程序结束

子程序

N220	%003	子程序程序号
N230	G90 G0 A0.;	A 轴回零
N240	G90 G1 X66. Y0. A360. F500;	绝对值编写程序，X 轴、A 轴联动
N250	G00 Z40.;	回到安全高度
N260	M99;	子程序结束

模块五

技能大赛样件加工篇

项目一　大赛样件加工（一）

项目目标

1. 根据零件加工的特点，掌握零件加工的工艺方案。

2. 掌握零件的装夹方法。

项目描述

项目一是一件技能大赛的试题，如图5—1—1所示。底面有薄壁和凹槽，精度较高，装夹容易变形。工件材料为45钢。毛坯尺寸为120 mm×100 mm×30 mm，加工时间为3 h。

项目分析

大赛样题一般都具有薄壁、曲面、凹槽、复杂轮廓、凸台等基本的形状要求，有些样题会对样件的装夹有一定的要求，特别是在夹紧力、夹紧方向上都有要求，在有多面加工的赛件中，要首先选取没有曲面的一面进行加工，这样在下道序安装时相对容易些，项目一是市级赛的一个单一赛件，精度较高，两面加工，安装相对简单，使用刀具种类较多，在加工过程中，要进行多次的对刀，孔要按照孔加工的基本方法进行加工。

项目知识和技能

各类技能比赛一般考核以下内容。

1. 考查选手对机械制图各种标准符号的识图、理解能力。

比赛可以使用软件进行后置处理，大大提高了赛件的加工难度，对选手的识图能力要求更高，由于加工难度的增加在识图过程中要综合考虑赛件的加工要素。

2. 考查选手合理运用切削参数的水平及其掌握程度。

由于采用了软件编程，对选手的切削用量的各种后置处理的参数的使用有了新的要求，切削参数的合理性会影响加工进度。

3. 考查选手装夹、找正工件等加工技能。

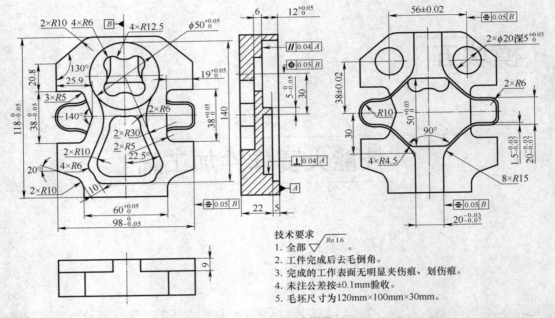

技术要求 ▽ Ra 1.6

1. 全部 ▽ Ra 1.6
2. 工件完成后去毛倒角。
3. 完成的工作表面无明显夹伤痕、划伤痕。
4. 未注公差按±0.1mm验收。
5. 毛坯尺寸为120mm×100mm×30mm。

图 5—1—1　试题图

赛件除了增加加工要素的难度，也增加了装夹和找正的难度，不规则的图形元素对找正有一定的影响，确定找正的位置可减少找正的次数。

4. 考查选手使用 CAXA 制造工程师软件的熟练程度。

CAXA 制造工程师软件是本届比赛指定的软件，选手可以选择软件编程也可以选择手工编程，第一次使用软件进行比赛选手使用的熟练程度将影响加工速度。

5. 考查选手的能力根据零件加工精度、表面粗糙度的要求和机床主轴刚度等选择刀具、定位基准。

选手在加工时要根据加工部位的不同选择相应的刀具，刀具选择的不合理会影响零件加工精度、表面粗糙度等赛件所要求的标准。

6. 考查选手减少刀具安装的伸出长度和确定工件安装位置的能力。

合理选择刀具的安装长度、工件安装位置对快速加工有很大的帮助，选手在选择赛件安装的位置时要考虑 G54 工件坐标系的确定，要本着方便快捷的原则来确定赛件安装的位置。刀具的长度将影响切削用量的选择。

7. 考查选手按分值高低进行工艺安排的能力。

比赛中要在同一加工面上尽量先完成分值较高的加工要素，在多个加工面的选择上应先选择分值较高的加工面进行加工。

项目实施

一、正面加工工艺方案

1. 平口虎钳装夹毛坯，底面垫好垫铁。上表面进行平面找正。由于毛坯材料比实际的厚一些，用 φ100 mm 的面铣刀将厚度加工到 29 mm。

2. 用 $\phi16$ mm 立铣刀进行对刀，设 G54 的原点，对 118 mm×98 mm 和与其相关的外形尺寸进行粗加工。

3. 用 $\phi10$ mm 立铣刀对圆、花瓣形状及中间凹槽进行粗加工。

4. 用 $\phi10$ mm 立铣刀对各个轮廓进行精加工。

二、反面加工工艺方案

1. 平口虎钳装夹已加工好的底面，安装时注意夹紧力的大小，由于底面已加工完成，在装夹时虎钳钳口要垫铜皮以免夹伤表面。用 $\phi100$ mm 的面铣刀将厚度加工到 27 mm。

2. 用 $\phi10$ mm 立铣刀进行对刀，设 G54 的原点，对外轮廓及薄壁和两个圆进行粗加工。

3. 用 $\phi10$ mm 立铣刀对各轮廓进行精加工。

刀具参数见表 5—1—1。

表 5—1—1　　　　　　　　　刀具参数

刀具名称	刀具规格	材质	切削转速 $n/$（r/min）	进给量 $f/$（mm/min）	背吃刀量 $a_p/$（mm）
面铣刀	$\phi100$ mm	硬质合金	2 000	400	2
立铣刀	$\phi16$ mm	硬质合金	2 500	500	1
立铣刀	$\phi10$ mm	硬质合金	3 000	400	1

项目二　大赛样件加工（二）

项目目标

1. 根据零件加工的特点，掌握零件加工的工艺方案。

2. 掌握零件的装夹方法。

项目描述

项目二是一件技能大赛的试题，如图 5—2—1 所示，工件正面、反面都有凹槽，精度较高，有可一刀加工的轮廓但公差不同的特点。工件材料为 45 钢。毛坯尺寸为 130 mm×130 mm×50 mm 加工时间为 3 h。

项目分析

大赛样题一般都具有凹槽、复杂轮廓、凸台等基本的形状要求，有些样题会对样件的装夹有一定的要求，特别是在夹紧力、夹紧方向上都有要求，在有多面加工的赛件中，要首先选取没有曲面的一面进行加工，这样在下道工序安装上相对容易些，项目二是我们比赛的一个单一赛件，精度较高，两面加工，安装相对简单，使用刀具种类较多，在加工过程中，要进行多次对刀，孔要按照孔加工的基本方法进行加工。

相关知识

各类技能比赛一般考核以下内容。

1. 考查选手对机械制图各种标准符号的识图、理解能力。

比赛可以使用软件进行后置处理，大大提高了赛件的加工难度，对选手的识图能力要求更高，由于加工难度的增加在识图过程中应综合考虑赛件的加工要素。

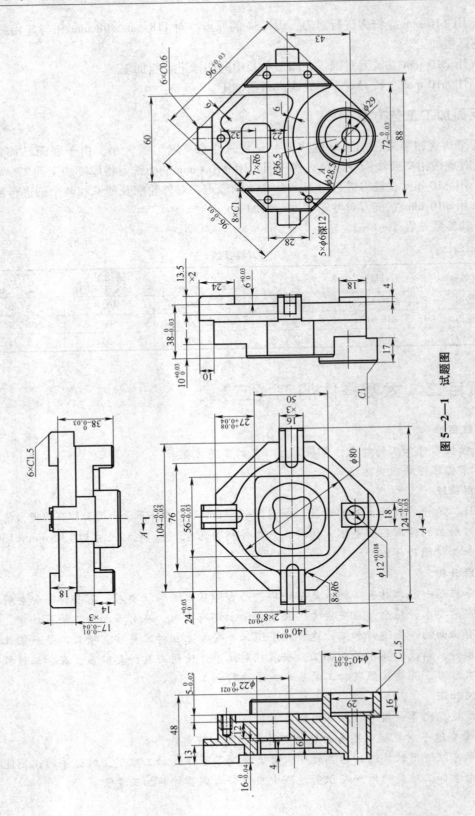

图 5—2—1 试题图

2. 考查选手合理运用切削参数的水平及其掌握程度。

由于采用了软件编程，对选手的切削用量的各种后置处理的参数的使用有了新的要求，切削参数的合理性会影响加工进度。

3. 考查选手装夹、找正等加工技能。

赛件除了增加加工要素的难度，也增加了装夹和找正的难度，不规则的图形元素对找正有一定的影响，准确确定找正的位置可减少找正的次数。

4. 考查选手使用 CAXA 制造工程师软件的熟练程度。

CAXA 制造工程师软件是本届比赛指定的软件，选手可以选择软件编程也可以选择手工编程，第一次使用软件进行比赛选手的使用熟练程度将影响加工速度。

5. 考查选手的选择刀具、定位基准和根据零件加工精度、表面粗糙度的要求、机床主轴刚度等方面的选择。

选手在加工时要根据加工部位的不同选择相应的刀具，刀具选择的不合理会影响零件加工精度、表面粗糙度等赛件所要求的标准。

6. 减少刀具安装的伸出长度、工件安装位置的刚度等方面的选择。

合理选择刀具的安装长度、工件安装位置对快速加工有很大的帮助，选手在选择赛件安装的位置时要考虑 G54 工件坐标系的确定，要本着方便快捷的原则来确定赛件安装的位置。刀具的长度将影响切削用量的选择。

7. 刀具的选用和安装的刚性。

选手要根据加工位置、型面要求、加工精度等多方面进行刀具的选择，安装时要注意刀具伸出的长度，不要影响加工，避免刀具的干涉。

8. 考查选手按分值高低进行工艺安排的能力。

比赛中要在同一加工面上尽量先完成分值较高的加工要素，在多个加工面的选择上应先选择分值较高的加工面进行加工。

项目实施

一、正面加工工艺方案

1. 平口虎钳装夹毛坯，底面垫好垫铁。上表面进行平面找正。由于毛坯材料比实际的厚一些，用 $\phi100$ mm 的面铣刀将厚度加工到 49mm。

2. 用 $\phi16$ mm 立铣刀进行对刀，设 G54 的原点，对 96 mm × 96 mm、两侧方凸台、$R36.5$ mm 外轮廓、$\phi29$ mm 圆槽的外形尺寸进行粗加工。

3. 用 $\phi5.8$ mm 钻头打孔，$\phi6$ mm 铰刀铰孔，对 $\phi29$ mm 进行螺纹加工。

4. 用 $\phi10$ mm 立铣刀对圆、中间两凹槽进行粗加工。

5. 用 $\phi10$ mm 立铣刀对各个轮廓进行精加工。

6. 倒角刀对要求的边沿进行倒角加工。

二、反面加工工艺方案

1. 平口虎钳装夹已加工好的底面，安装时注意夹紧力的大小，由于底面已加工完成，在装夹时虎钳钳口要垫铜皮以免夹伤表面。用 $\phi100$ mm 的面铣刀将厚度加工到 48 mm。

2. 用φ16 mm 立铣刀进行对刀，设 G54 的原点，对 104 mm×124 mm、φ80 组成的外轮廓、高 4 mm 及高 6 mm×3 mm 凸台、深 10 mm 的中间圆孔进行粗加工。

3. 用φ11.8 mm 的钻头钻孔，φ12H7 铰刀铰孔。

4. 用φ10 mm 立铣刀对之前已粗加工的各轮廓进行精加工。

5. 用φ6 mm 立铣刀对 8 mm 槽、50 mm×56 mm 方槽、中心花瓣形槽进行粗、精加工。

6. 用φ6 mm 90°倒角刀对所要求的各处进行倒角。

刀具参数见表 5—2—1。

表 5—2—1　　　　　　　　　　　　刀具参数

刀具名称	刀具规格	材质	切削转速 $n/(\text{r/min})$	进给量 $f/(\text{mm/min})$	背吃刀量 a_p/mm
面铣刀	φ100 mm	硬质合金	2 000	400	2
立铣刀	φ16 mm	硬质合金	2 500	500	1
立铣刀	φ10 mm	硬质合金	3 000	400	1
立铣刀	φ6 mm	硬质合金	4 000	500	
钻头	φ11.8	高速钢	800	40	
铰刀	φ12H7	高速钢	200	30	
倒角刀	φ6 mm 90°	硬质合金	4 000	300	

项目三　大赛样件加工（三）

项目目标

1. 根据零件加工的特点，掌握零件加工的工艺方案。

2. 掌握零件的装夹方法。

项目描述

项目三是一套技能大赛的试题，三件配合套件，造型为中国印的形式，上部设有印组，如图 5—3—1 所示，印面为中国阴阳图，如图 5—3—2、图 5—3—3 所示，设计美观，同时具有可加工性，且三件之间具有配合关系，如图 5—3—4 所示。工件材料为 45 钢。加工时间为 5 h，下面用后置处理完成零件的加工程序。

项目分析

项目三是由零件 2 和零件 3 组装配合后，再进行轮廓加工，并与零件 1 进行配合。在对配合面加工时应选择相同的加工方法，并且在选择加工方向时要一致。加工余量的选择应一致，尽量采用同一把刀具进行精加工。在零件的加工过程中采用以下的加工方法。

项目知识与技能

试题中增加了一些现代数控加工中的典型要素，如：凹凸型面、角度平面和角度孔、V 形面等。

1. 选手分析图样的能力

赛件由三件组成，在识图过程中选手应确定好型面的相互位置要素等内容。

2. 选手使用 CAXA 制造工程师软件的绘图和后置处理的能力

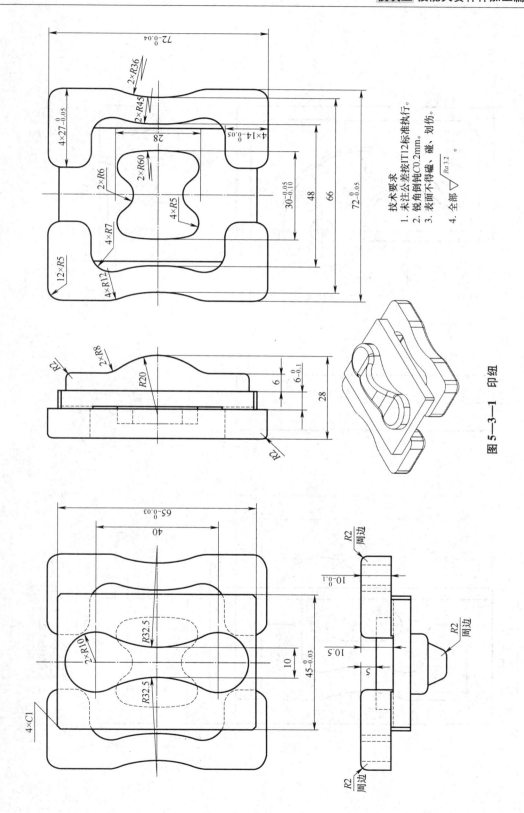

技术要求
1. 未注公差按IT12标准执行。
2. 锐角倒钝CO.2mm。
3. 表面不得磕、碰、划伤。
4. 全部 $\sqrt{Ra\,3.2}$。

图 5—3—1　印纽

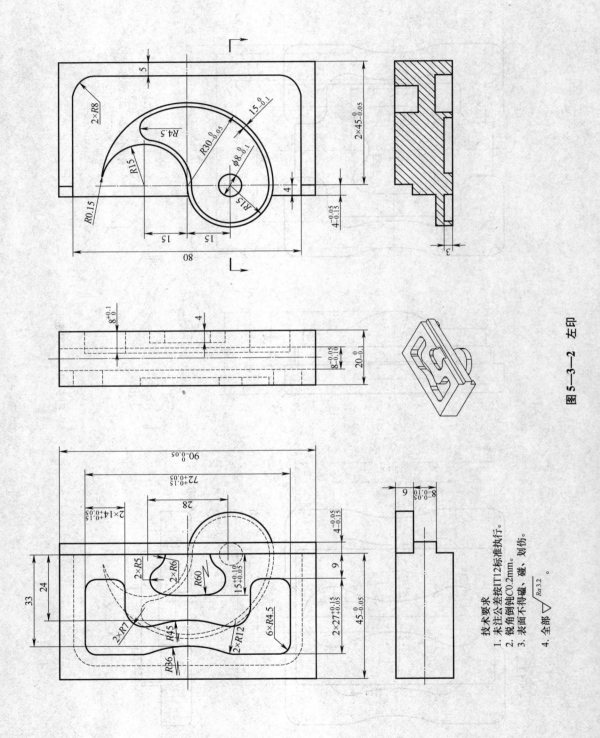

图 5—3—2 左印

技术要求
1. 未注公差按IT12标准执行。
2. 锐角倒钝C0.2mm。
3. 表面不得磕、碰、划伤。
4. 全部 $\sqrt{Ra\,3.2}$ 。

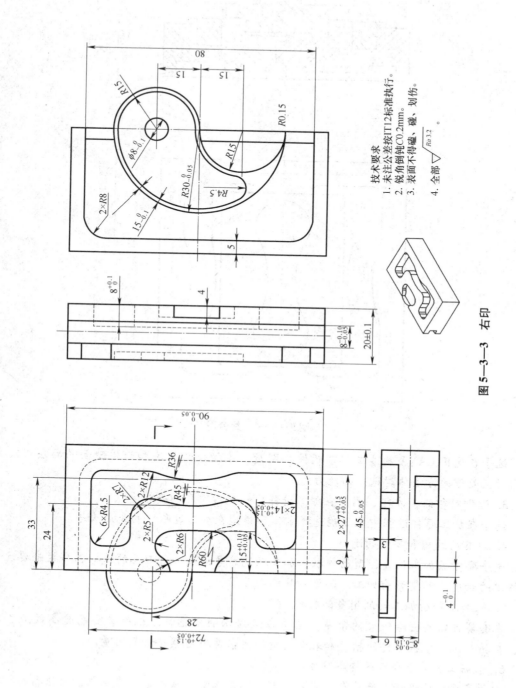

技术要求
1. 未注公差按IT12标准执行。
2. 锐角倒钝C0.2mm。
3. 表面不得碰、划伤。
4. 全部 $\sqrt{\frac{Ra\,3.2}{}}$ 。

图5-3-3 右印

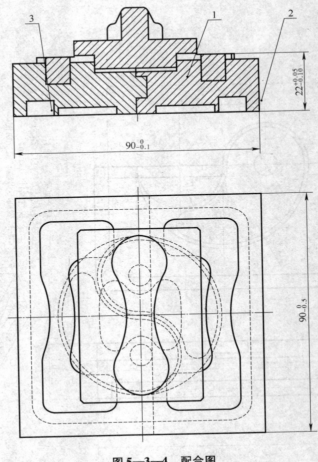

图 5—3—4　配合图

选手在使用 CAXA 制造工程师软件绘图时，各指令的用法和简化型面的画法以及合理选择后置处理的方法体现选手的能力。

3. 选手对印纽、左印、右印在加工过程中的先后次序的安排

选手在加工赛件过程中应正确选择本体和镶座在加工过程中的先后次序。

4. 刀具的选用和安装的刚性

选手要根据加工位置、型面要求、加工精度等多方面进行刀具的选择，安装时要注意刀具伸出的长度，不要影响加工，避免刀具的干涉。

5. 粗加工和精加工切削用量的转换

本套赛件需要去除较大的余量，选手在选择切削用量时，粗加工要高速高效地去除余量，在精加工时根据赛件的精度和表面质量的要求适当地调整切削用量。

6. 根据工艺要求合理选择各项参数

由于采用软件编程，选手在后置处理前要预先选好各项参数，在加工时只进行微调就可以了。

7. 配合部分的先后加工顺序

在比赛中要按照配合先行的原则进行加工，这样完成配合后可以得到赛件的配合分数，比单纯加工一个形状要素分值会高一些。

项目实施

机床上安装好平口虎钳并进行找正，选择合适的等高垫铁，将各种刀具准备好，采用 CAXA 制造工程师 2013 软件进行程序的编制。按工艺方案逐步加工完成零件。

一、加工印纽的反面

先加工工件反面的左右两个弓字形轮廓，再加工中间的凸型轮廓。采用的刀具为 $\phi 8$ mm 的立铣刀。

二、加工左印、右印正面

1. 先加工 U 字形轮廓，再加工太极轮廓和中间的圆柱及凹台。采用的刀具为 $\phi 16$ mm 的立铣刀。

2. 加工零件侧面，零件侧面装夹在平口虎钳上，加工太极侧面的浅台和立面。刀具为 $\phi 8$ mm 的立铣刀。

3. 右印的加工方法与左印一样，当左印和右印的侧面与底面全部加工完成后，将两个零件配合在一起装夹的平口虎钳上进行加工，加工弓字形槽是要与零件 1 的弓字凸台进行配做。采用刀具为 $\phi 8$ mm 的立铣刀。

三、加工孔

三件赛件配合在一起后进行钻孔，钻孔采用定位、钻、扩、铰四步骤完成。采用 $\phi 3$ mm 的中心钻、$\phi 7$ mm 的麻花钻、$\phi 7.8$ mm 的麻花钻、$\phi 8H7$ mm 的铰刀进行加工。

四、加工印把手

将零件一未加工面朝上装夹在平口虎钳上，先加工长方形，在加工八字形，最后加工印把手曲面。采用刀具为 $\phi 16$ mm 的立铣刀、$\phi 8$ mm 的球头铣刀进行加工。

刀具参数见表 5—3—1。

表 5—3—1 　　　　　　　　　　刀具参数

刀具名称	刀具规格	材质	切削转速 n/(r/min)	进给量 f/(mm/min)	背吃刀量 a_p/mm
立铣刀	$\phi 16$ mm	硬质合金	2 500	500	1
立铣刀	$\phi 8$ mm	硬质合金	3 000	400	1
立铣刀	$\phi 8$ mm 球刀	硬质合金	3 000	500	0.2
中心钻	$\phi 3$ mm	高速钢	1 200	40	
麻花钻	$\phi 7$ mm	高速钢	800	40	
麻花钻	$\phi 7.8$ mm	高速钢	800	40	
铰刀	$\phi 8H7$ mm	高速钢	200	40	

项目四　大赛样件加工（四）

项目目标

1. 能够根据零件加工要求的不同选用不同的加工方法。
2. 掌握配合件的加工工艺。

项目描述

项目四是一套技能大赛的试题，三件配合套件，有五种配合的方法，工件材料为45钢，毛坯尺寸为 $\phi110$ mm×50 mm 两块，$\phi70$ mm×30 mm 一块。加工时间为5 h，下面用后置处理完成零件的加工程序，如图5—4—1、图5—4—2、图5—4—3、图5—4—4所示。

项目分析

大赛样题是三件配合套件，并且有五种配合的方法，如图5—4—4所示。在对配合面加工时应选择相同的加工方法，并且在选择加工方向时要一致。加工余量的选择应一致。尽量采用同一把刀具进行精加工，采用先粗后精的原则，先进行粗加工，再进行精加工，这样可确保尺寸精度，并且可以减少换刀次数。

项目知识与技能

五种装配形式对单件加工要求精度较高，否则影响配合。销配形式对加工要求较高，赛件3加工位置基准和赛件1、赛件2销孔的加工影响配合精度。

赛件3在这套赛题配合部分起决定作用，该赛件与其他两个赛件之间都有单独的配合，并且在三件上下连配时相当于定位限制的限位块，如该赛件四个轮廓同轴度较差时，是不能完成三件之间的配合，同时也会影响最后的销配。由于赛件3体积较小，在适配时可以用赛件3作为基准件与其他两件进行互配，并完成最后的配合关系，以确保获得较好的配合分数。

项目实施

一、按单件加工的工艺路线方案

1. 工件1的加工方案

（1）加工工件侧面。使用 $\phi80$ mm 的端铣刀和 $\phi10$ mm 的立铣刀，先将平面用端铣刀加工好后再用立铣刀加工凹形轮廓。

此工件两侧都有此凹形图形，另一面需要重新装夹和对刀，可采用相同的工艺进行加工。

（2）将工件立着装夹在平口虎钳上，装夹面为刚才已加工过的两个侧面，分别加工外圆轮廓图形、六边形、孔和圆角，采用 $\phi20$ mm 的立铣刀和 $\phi10$ mm 的球头铣刀。

（3）将工件翻面，加工两个凹形腔及两个腰形凸台。采用 $\phi20$ mm 的立铣刀和 $\phi10$ mm 的立铣刀进行加工。

2. 工件2的加工方案

（1）以工件的反面为粗基准装夹在平口钳上，使待加工部分伸出虎钳钳口20 mm 左右。工件中心为 G54 原点对刀，分别加工凹形腔和两个腰形槽，采用 $\phi20$ mm 的立铣刀、$\phi10$ mm 的立铣刀和 $\phi6$ mm 的立铣刀进行加工。

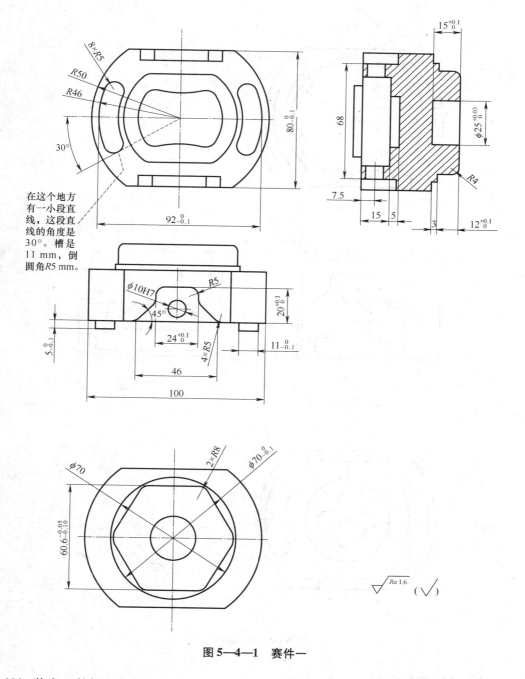

在这个地方有一小段直线，这段直线的角度是30°。槽是11 mm，倒圆角R5 mm。

图5—4—1 赛件一

（2）装夹工件侧面，以底面为基准，加工耳朵和凸字图形，然后翻面用同样的方法加工另一面，采用 ϕ10 mm 的立铣刀和 ϕ6 mm 的立铣刀进行加工，在加工两侧耳朵时深度要大于实际深度，这样有利于下次加工。

（3）将工件朝上装夹在平口虎钳上，加工耳朵中间部分和上面的十字图形及圆，采用 ϕ20 mm 的立铣刀、ϕ10 mm 的立铣刀和 ϕ6 mm 的立铣刀进行加工。

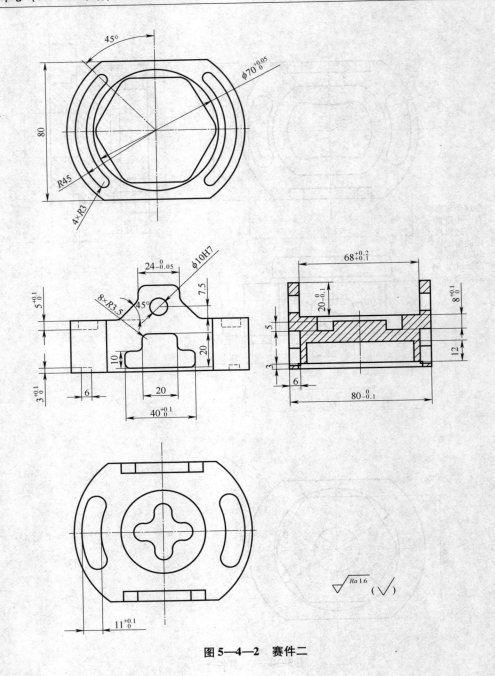

图 5—4—2 赛件二

3. 工件 3 的加工方案

工件装夹在平口虎钳上，上面留出的部分要高于中间台的深度，工件中心为 G54 原点，加工腰形台及中间图形，再翻面加工十字图形、圆和圆角，采用 φ20 mm 的立铣刀、φ10 mm 的立铣刀和 φ10 mm 的球头铣刀进行加工。

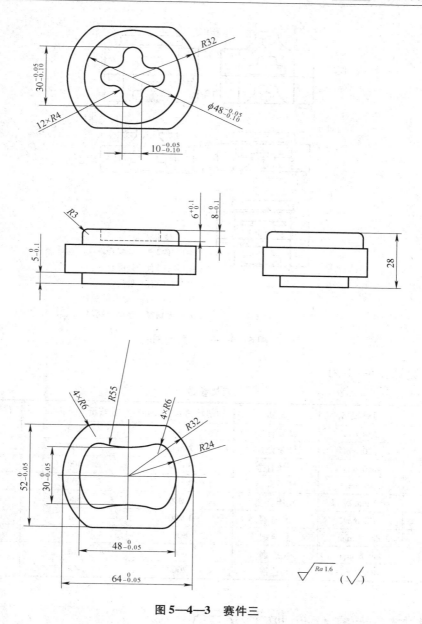

图5—4—3 赛件三

二、按装配的加工方案

在加工工件 2 和工件 3 时，与工件 1 配合的部分要用工件 1 进行配做，加工工件 3 的耳朵部分要与工件 2 进行配做，三个工件完成后，将工件 2 和工件 3 配合在一起进行钻孔，钻孔采用定位、钻、扩、铰四个步骤。

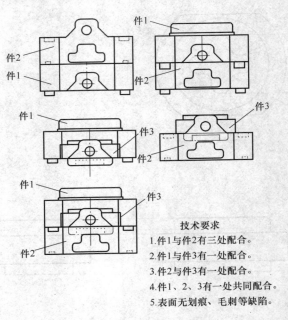

技术要求
1. 件1与件2有三处配合。
2. 件1与件3有一处配合。
3. 件2与件3有一处配合。
4. 件1、2、3有一处共同配合。
5. 表面无划痕、毛刺等缺陷。

图5—4—4   配合图

刀具参数见表5—4—1。

表5—4—1   刀具参数

刀具名称	刀具规格	材质	切削转速 $n/(\text{r/min})$	进给量 $f/(\text{mm/min})$	背吃刀量 a_{p}/mm
端铣刀	$\phi 80$ mm	硬质合金	2 000	400	2
立铣刀	$\phi 20$ mm	硬质合金	2 500	500	1
立铣刀	$\phi 10$ mm	硬质合金	3 000	400	1
立铣刀	$\phi 6$ mm	硬质合金	3 500	500	0.5
立铣刀	$\phi 10$ mm 球刀	硬质合金	3 000	500	0.2
中心钻	$\phi 3$ mm	高速钢	1 200	40	
麻花钻	$\phi 8.5$ mm	高速钢	800	40	
麻花钻	$\phi 9.8$ mm	高速钢	800	40	
铰刀	$\phi 10H7$ mm	高速钢	200	40	

项目五　大赛样件加工（五）

项目目标

1. 根据零件加工的特点，掌握零件加工的工艺方案。

2. 掌握零件的装夹方法。

项目描述

项目五是一件技能大赛的试题，如图5—5—1所示，工件正面、反面都有凹槽，精度较高，有可一刀的加工的轮廓但公差不同的特点。工件材料为45钢。毛坯尺寸为100 mm×150 mm×50 mm，加工时间为3 h。

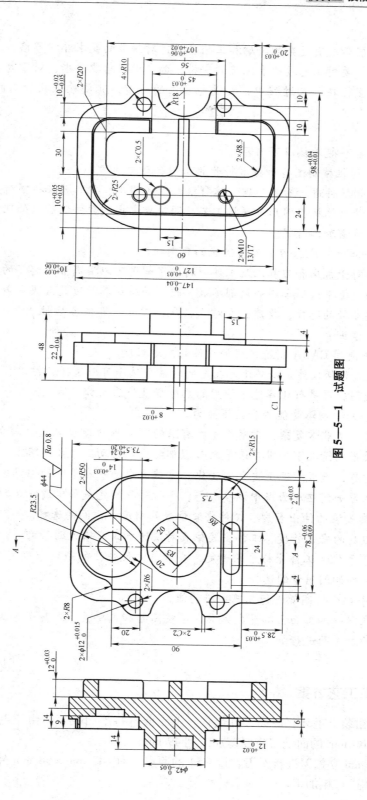

图 5—5—1 试题图

项目分析

大赛样题一般都具有复杂的轮廓和工艺安排，对细节的要求非常严格，这就需要细心的审图，在加工之前要对工艺过程有准确的安排，加工中思路要清晰，对于复杂的零件图一般使用刀具种类较多，在加工过程中，要进行多次的对刀，孔要按照孔加工的基本方法进行加工。

相关知识

各类技能比赛一般考核以下内容。

1. 考查选手对机械制图各种标准符号的识图、理解能力。

比赛可以使用软件进行后置处理，这样就加大了难度，使工艺安排显得更为重要，要注重每一个细节符号总体把握图形来安排工艺，同时要考虑到软件的后置处理的能力从而简化工艺安排过程以节省加工时间。

2. 考查选手对于机床、刀具各项性能的熟悉程度。

加工过程中对于机床和刀具以及工件材料的了解是可以提高加工速度的，在各方面加工质量都能保证的前提下选择合适的切削参数，较高的机床参数可能就决定着加工效率，甚至心理状态。这些参数的选择，要建立在对于机床、刀具、零件各项性能相当熟悉的前提下，否则也可能得不偿失。

3. 考查选手使用 CAXA 制造工程师软件的熟练程度。

CAXA 制造工程师软件是本届比赛指定的软件，选手可以选择软件编程也可以选择手工编程，第一次使用软件进行比赛选手使用的熟练程度将影响加工速度。

4. 考查选手的心理承受能力和抗压能力。

大赛的零件一般非常复杂，考察选手在有限的时间内快速有效地处理加工问题的能力，尤其是在时间紧张的情况下，很多选手的心理都会出现波动，导致思路上不清晰，无法全身心地投入加工过程，造成心理上更大的变化。这就要求选手在平时的练习当中就给自己施加足够的压力，练习如何在压力当中调整心态，平心静气的完成加工过程。

5. 减少刀具安装的伸出长度、工件安装位置的刚度等方面的选择。

合理选择刀具的安装长度、工件安装位置对快速加工有很大的帮助，选手在选择赛件安装的位置时要考虑 G54 工件坐标系的确定，要本着方便快捷的原则来确定赛件安装的位置。刀具的长度将影响切削用量的选择。

6. 考查选手按分值高低进行工艺安排的能力。

比赛中要在同一加工面上尽量先完成分值较高的加工要素，在多个加工面的选择上应先选择分值较高的加工面进行加工。

项目实施

一、正面加工工艺方案

1. 平口虎钳装夹毛坯，底面垫好垫铁。上表面进行平面找正。由于毛坯材料比实际的厚一些，用 $\phi 100$ mm 的面铣刀将厚度加工到 49 mm。

2. 用 $\phi 16$ mm 立铣刀进行对刀，设 G54 的原点，对 147 mm × 98 mm 外形尺寸及中间的"山"形外轮廓进行粗加工。

3. 按零件图要求的尺寸用合适的钻头、铰刀、丝锥完成各部分孔的加工。

4. 用合适尺寸的倒角刀进行倒角。

5. 用 ϕ10 mm 立铣刀对各个轮廓进行精加工。

二、反面加工工艺方案

1. 平口虎钳装夹已加工好的底面，安装时注意夹紧力的大小，由于底面已加工完成，在装夹时虎钳钳口要垫铜皮以免夹伤表面。用 ϕ100 mm 的面铣刀将厚度加工到 48 mm。

2. 用 ϕ16 mm 立铣刀进行对刀，设 G54 的原点，对 78 mm、侧面豁台、ϕ44 mm、R23.5 mm 及中间圆凸台的外形尺寸进行粗加工。

3. 用 ϕ11.8 mm 的麻花钻钻底孔，ϕ12H7 mm 的铰刀进行铰孔。

4. 用 ϕ10 mm 的立铣刀对已粗加工的各轮廓进行精加工。

5. 用 ϕ6 mm 的立铣刀粗、精加工中间方形和条形两槽。

6. 用 ϕ6 mm 90°的倒角刀进行倒角。

7. 用 ϕ8.5 mm 的麻花钻钻底孔，M10 的丝锥攻螺纹。

刀具参数见表 5—5—1。

表 5—5—1 刀具参数

刀具 名称	刀具 规格	材质	切削转速 n/(r/min)	进给量 f/(mm/min)	背吃刀量 a_p/mm
端铣刀	ϕ100 mm	硬质合金	2 000	400	2
立铣刀	ϕ16 mm	硬质合金	2 500	500	1
立铣刀	ϕ10 mm	硬质合金	3 000	400	1
立铣刀	ϕ6 mm	硬质合金	4 000	400	1
麻花钻	ϕ11.8 mm	高速钢	800	50	
麻花钻	ϕ8.5 mm	高速钢	800	40	
铰刀	ϕ12H7 mm	高速钢	200	40	
丝锥	M10	工具钢	手动		
倒角刀	ϕ6 mm 90°	硬质合金	4 000	400	

实 战 篇

项目　打孔机制作

项目目标

1. 掌握圆弧齿轮、齿条的加工方法。
2. 掌握圆弧齿轮、齿条的配合间隙的调整方法。
3. 掌握装配的要求。

项目描述

如图6—1—1所示是一台小型手动打孔器，主要用于书本、试卷、卷宗、报纸等纸质物品的装订，采用手动圆弧齿轮、齿条的配合完成由圆周运动到直线运动的转换，采用了轴承配合、销配合、螺栓连接等方法组装在一起。本项目中只对圆弧齿轮、齿条的加工方法进行分析。

本台小型手动打孔器的具体尺寸标注如图6—1—2所示。

相关知识

圆弧齿廓是指齿廓形状为圆弧状的，如图6—1—3所示。根据圆弧制造的齿形各式各样，通过齿条和小齿轮配合，某个零部件（齿条）的线性平移会引起另一零部件（小齿轮）做圆周旋转，反之亦然。可以配合任何两个零部件以进行此类相对运动。这些零部件不需要有轮齿。与其他配合类型类似，齿条和小齿轮配合无法避免零部件之间的干涉或碰撞，要防止干涉和碰撞。在配合中，圆弧齿轮、齿条配合相对啮合精度较低，这样便于零件的加工与装配，圆弧齿轮、齿条的应用也相当广泛，适用于各种精度不高的旋转运动与直线运动的变换部件。

项目实施

一、圆弧齿轮的加工工艺方案

1. 圆弧齿轮的毛坯是已经加工过的半成品。可做一个与内方孔相配合的芯轴在数控机

图 6—1—1　小型手动打孔器

床工作台上安装一个三爪自定心卡盘，找正后，夹持芯轴，用芯轴进行 G54 的设定，设定好后，安装半成品毛坯。

2. 选用 ϕ5 mm 的立铣刀进行加工。

3. 程序采用 CAXA 制造工程师软件进行后置处理。

二、齿条的加工工艺方案

1. 先进行齿条外形加工，选用 ϕ16 mm 的立铣刀进行加工，加工成 11 mm×26 mm 的长方形，长度可根据需要自定。

2. 将长方形竖着装夹在平口虎钳上，选用 ϕ3 mm 的麻花钻打孔。

3. 将长方形平放装夹在平口虎钳上，选用 ϕ2.3 mm 的麻花钻打 M3 mm 的底孔，并攻螺纹。选用 ϕ5 mm 的球头铣刀加工圆弧齿面。

4. 将长方形已加工好的齿面竖放装夹在平口虎钳上，选用 ϕ5 mm 的立铣刀加工 5 mm 的阶台。然后再加工另一侧的阶台。

三、装配方案

1. 在加工悬臂时应注意圆弧齿轮孔中心到齿条之间的距离，这个距离影响圆弧齿轮与齿条间的啮合度和传动精度。

2. 装配时要注意各配合间隙。

3. 两悬臂在装配时应注意位置精度，减少配合之间的误差。

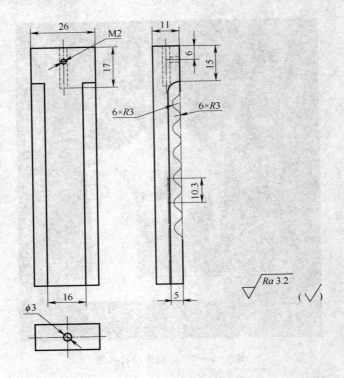

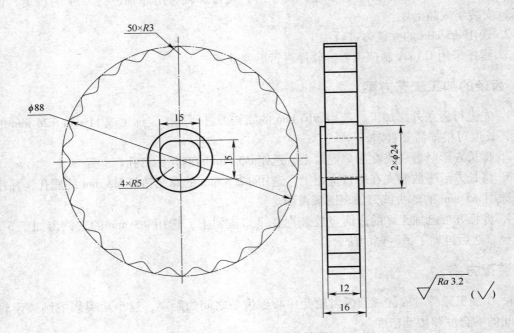

图 6—1—2　尺寸标注图

图 6—1—3 圆弧齿廓图